"60岁开始读"
科普教育丛书

U0270225

科学场馆

乐龄乐游

傅 强 编著

上海市学习型社会建设与终身教育促进委员会办公室／指导

上海科普教育促进中心／组编

上海交通大学出版社

上海科学技术出版社

上海教育出版社

图书在版编目（CIP）数据

乐龄乐游科学场馆 / 上海科普教育促进中心组编；
傅强编著. -- 上海：上海交通大学出版社：上海科学
技术出版社，2023.11
本书与"上海教育出版社"合作出版
ISBN 978-7-313-29631-3

Ⅰ. ①乐… Ⅱ. ①上… ②傅… Ⅲ. ①科学馆—介绍
—上海 Ⅳ. ①N282.51

中国国家版本馆CIP数据核字（2023）第199362号

乐龄乐游科学场馆
（"60岁开始读"科普教育丛书）

傅　强　编著

上海交通大学出版社　出版、发行
（上海市番禺路951号　邮政编码200030）
上海盛通时代印刷有限公司印刷
开本 889×1194　1/32　印张 6.125
字数 84千字
2023年11月第1版　2023年11月第1次印刷
ISBN 978-7-313-29631-3
定价：20.00元

丛书编委会

"60岁开始读"科普教育丛书

顾　　问	褚君浩　薛永祺　邹世昌 张永莲　陈晓亚　杨秉辉 袁　雯
编委会主任	叶霖霖
编委会副主任	闫鹏涛　夏　瑛　郁增荣
编委会成员 （按姓氏笔画排序）	邝文华　毕玉龙　孙向东 忻　瑜　张　阳　张东平 陈圣日　陈宏观　周　明 周志坚　胡　俊　俞　伟 祝燕国　贾云尉　徐文清 蒋　倩　蒋中华　韩保磊
指　　导	上海市学习型社会建设与终身教育 促进委员会办公室
组　　编	上海科普教育促进中心

总　序

　　党的二十大报告中指出：推进教育数字化，建设全民终身学习的学习型社会、学习型大国。为全面贯彻落实党的二十大精神与中共中央办公厅、国务院办公厅印发的《关于新时代进一步加强科学技术普及工作的意见》具体要求，近年来，上海市终身教育工作以习近平新时代中国特色社会主义思想为指导、以人民利益为中心、以"构建服务全民终身学习的教育体系"为发展纲要，稳步推进"五位一体"与"四个全面"总体布局。在具体实施过程中，坚持把科学普及放在与科技创新同等重要的位置，强化全社会科普责任，提升科普能力和全民科学素质，充分调动社会各类资源参与全民素质教育工作，为实现高水平科技自立自强、建设世界科技强国奠定坚实基础。

　　随着我国人口老龄化态势的加速，如何进一步提高中老年市民的科学文化素养，尤其是如何通过学习科普知识提升老年朋友的生活质量，把科普教育作为提高城市文明程度、促进人的终身发展的方式已成为广大老年教育工作者和科普教育工作者共同关注的课题。为此，上海市学习型社会建设与终身教育促进委员会办公室组织开展了中老年科普教育活动，并由此产生了上海科普教育促进中心组织编写的"60岁开始读"科普教育丛书。

"60岁开始读"科普教育丛书，是一套适宜普通市民，尤其是中老年朋友阅读的科普书籍，着眼于提高中老年朋友的科学素养与健康文明的生活意识和水平。本套丛书为第十套，共5册，分别为《心病还需心药医》《增肌养肉助康寿》《〈民法典〉助你行》《迈入智能时代》《乐龄乐游科学场馆》，内容包括与中老年朋友日常生活息息相关的科学资讯、健康指导等。

这套丛书通俗易懂、操作性强，能够让广大中老年朋友在最短的时间掌握原理并付诸应用。我们期盼本书不仅能够帮助广大读者朋友跟上时代步伐、了解科技生活，更自主、更独立地成为信息时代的"科技达人"，也能够帮助老年朋友树立终身学习观，通过学习拓展生命的广度、厚度与深度，为时代发展与社会进步，更为深入开展全民学习、终身学习，促进学习型社会建设贡献自己的一份力量。

前　言

你我身边的宝藏博物馆

截至 2022 年底，上海市已备案博物馆 159 座，国家一、二、三级博物馆达 29 座。其中，历史类博物馆 47 座，艺术类博物馆 9 座，自然科技类博物馆 7 座，综合性博物馆 13 座，其他主题类型博物馆 83 座。

以上海市常住人口 2 475.89 万计，约每 15 万人拥有一座博物馆，远超全国平均水平；而在中心城区，约每 11 万人拥有一座博物馆。以上海市面积 6 340.5 平方千米计，约每 39 平方千米有一座博物馆，在长三角区域排名第一。

从这些数据来看，上海正在成为与东京、伦敦、巴黎、纽约等全球一线城市一样的"博物馆之城"。在你我身边，一座座各具特色的博物馆正在赋能美好生活、助力城市软实力。

　　"博物馆是保护和传承人类文明的重要殿堂，是连接过去、现在、未来的桥梁。"在上海，曾经"高冷"的博物馆正在变得"亲民"。2022 年，即使是在新冠疫情影响之下，全市博物馆接待观众总量仍接近千万人次。其中，本地观众 610 余万，占上海常住人口的四分之一，逛博物馆正从生活新风尚逐步进阶到"精神刚需"。

　　"让收藏在博物馆里的文物、陈列在广阔大地上的遗产、书写在古籍里的文字都活起来。"截至 2022 年底，上海博物馆的藏品总量为 241.16 万件 / 套，其中珍贵文物 22.3 万件 / 套，博物馆展出藏品 14.33 万件 / 套。2022 年，上海博物馆基本陈列、临时展览、数字展览总数超过千场，全市博物馆文创产品总数近 8 万种，年销售额近 7 000 万元。文物活了起来，博物馆也火了起来。

　　"一个博物馆就是一所大学校。"2022 年，上海博物馆策划推出各类社会教育活动万余场，参与人次超过 2 200 万，此外，还有 200 多万未成年人走进各类博物馆。2023 年 5 月起，上海博物馆纷纷取消或是简化了预约入馆流程，越来越多的博物馆真诚地向公众敞开大门，市民走入博物馆学习历史、传承记忆、增长知识、感悟精神，都变得更加便捷。

上海的博物馆资源如此丰富，然而在当下数字时代，老年群体了解身边"宝藏博物馆"的渠道却十分有限。

这本《乐龄乐游科学场馆》就是努力为银龄长者走入申城的博物馆提供一份实用指南：

"场馆简介"介绍博物馆概况及博物馆的特色；

"展品亮点"讲述博物馆镇馆之宝和经典展品背后的故事；

"打卡指南"揭秘博物馆最具特色的"网红"打卡点；

"银龄贴士"立足长者需求，提供若干实用参观建议；

"城市微旅"推介主题参观线路和相关博物馆的信息。

本书推荐的16家博物馆并非本市最具规模和影响力的博物馆，却各具特色，相信长者们通过参观和体验这些"宝藏博物馆",能更深切地体悟上海这座城市海纳百川、大气谦和的精神气质和开放包容、兼容并蓄的多元文化。

　　本书相关内容得到了上海红色文化资源信息应用平台"红途"的支持和授权,特此致谢!本书数据及展陈信息截至2023年9月,如有变化,具体以馆方公布为准,本书仅作参考。同时,也真诚推荐银龄长者们在阅读本书之余,打开手机,登录"红途"平台,了解更多的博物馆资源和参观指南。

傅　强

目　录

第三部分

申城文脉 ································· 123

第一部分

科技之光

"60岁开始读"科普教育丛书

上海交通大学钱学森图书馆

1

场馆推荐
Museum recommended

　　钱学森是中国人耳熟能详的科学家，作为"两弹一星"元勋、爱国科学家的典范，他的故事一直为人津津乐道。不过，想要真正了解这位伟大的科学家，有一个地方不能不去——

　　这里有刷屏网络的钱学森的"96分"学霸试卷；

　　这里有钱学森五年艰难回国路的历史细节；

　　这里有钱学森看过的4000多册图书、杂志和报纸；

　　这里系统呈现了钱学森的成就与事迹、初心与选择；

　　这里就是上海交通大学钱学森图书馆。

场馆简介

2011年12月11日，在钱学森100周年诞辰之际，上海交通大学钱学森图书馆正式建成并对外开放。钱学森图书馆总建筑面积8188平方米，地下一层，地上三层，陈展面积3000余平方米。馆内基本展览分为"中国航天事业奠基人""科学技术前沿的开拓者""人民科学家风范"和"战略科学家的成功之道"四个部分。馆藏钱学森文献、手稿和书籍61000余份，珍贵图片300余张，实物近700件。

经过10余年建设，钱学森图书馆现已成为国内一流、国际知名的科学家纪念馆，先后入选全国爱国主义教育示范基地、全国科普教育基地、国家国防教育示范基地、国家二级博物馆等，是钱学森文献实物的收藏保管中心、学术思想的研究交流中心、科学成就和崇高精神的宣传展示中心。

场馆地址：上海市徐汇区华山路1800号
开馆时间：每周二至周日9:00-17:00
　　　　　（16:30停止入馆，每周一闭馆）
咨询电话：021-62932068

展品亮点

东风二号甲型导弹

展品标签：我国第一个自行设计和研制的中近程导弹的改进型，1965 年 11 月 13 日首射成功。它全长 21.3 米，弹径 1.65 米，起飞重量 29.8 吨，采用一级液体燃料火箭发动机、惯性陀螺制导和无线电制导系统，最大射程 1500 千米，可携带 1 枚 1290 千克的威力为 2 万吨 TNT 当量的核弹头。

展品故事

1966 年 10 月 26 日，"东风二号甲"导弹，也就是代号为"DF-2A"的导弹，与原子弹正式对接，聂荣臻和钱学森来到现场，亲自督阵。

负责对接的是一位名叫田现坤的年轻技师。弹头和弹体之间，也就一尺多宽的距离，就在这点空隙里，田现坤必须像绣花一样，准确无误地完成上百个动作。此时戈壁滩上气温只有零下十几摄氏度，田现坤却脱去外衣，只穿单衬衣，以便在狭小的空隙里作业。除了忍受刺骨的寒冷，他还得极度小心，因为即便是一丁点儿的静电，都可能引爆原子弹，让在场的每个人灰飞烟灭。平时只需40分钟就够了，那一天，他花了整整两倍的时间。当他终于完成所有的连接动作，从狭缝里退出来的时候，聂荣臻立即上前，紧紧地握住了他的双手。

上午9点，操作员佟连捷按下控制台主机按钮，在一阵轰鸣巨响中，中国第一枚核导弹腾空而起，飞向蓝天。9分钟后，罗布泊试验场传来捷报：核导弹精确命中目标，顺利实现核爆炸！这意味着中国拥有了真正可用于实战的核武器，将我国国防现代化建设向前推进了一大步。

钱学森的"求援信"

展品标签： 1955 年 6 月 15 日，钱学森致信时任全国人大常委会副委员长的陈叔通，表明自己迫切期望回国参加建设，但遭美国政府阻挠，请求祖国帮助早日回国。

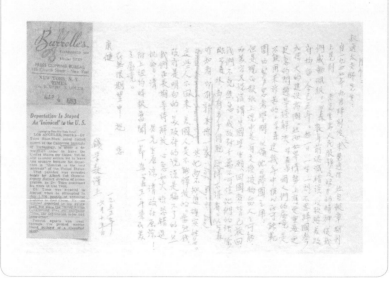

展品故事

1955 年 5 月，被软禁五年之久的钱学森无意中拿到一份中文画报，上面刊载了新中国欢庆五一节的报道，他看到了一个熟悉的名字——陈叔通。

时任全国人大常委会副委员长的陈叔通，与钱学森的父亲钱均夫是世交，两家交往密切。论辈分，钱学森一直尊称陈叔通"太老师"。

钱学森立刻提笔给太老师写信，言明自己"无一日、一时、一刻不思归国，参加伟大的建设高潮"，请求祖国帮助自己早日回家。

信写好了，为了躲避特务的盯梢，钱学森和蒋英把信夹在另一封写给蒋英妹妹的家书中，趁人多之时，投到一家偏僻超市的邮筒里。这封求援信几经辗转，最终来到周恩来总理手中。

在中美大使级会谈中，王炳南大使根据周总理的指示，与美方交涉。会谈伊始，美国大使艾里克西斯·约翰逊矢口否认美国政府扣留了任何中国公民。王炳南大使亮出钱学森的亲笔信，当场宣读，戳穿了约翰逊的谎言。约翰逊看过信件后，无言以对，表示会立刻向政府转达此事。

两天之后，美国移民归化局就匆忙通知钱学森，准许他离开美国。孤悬海外多年的游子，终于可以回家了。

《建立我国国防航空工业意见书》

展品标签：钱学森于 1955 年回到祖国。回国后，钱学森就全面投入我国火箭和导弹的研制工作中。在周恩来总理的鼓励和支持下，1956 年 2 月，他向中央提交了《建立我国国防航空工业意见书》，为我国火箭和导弹的研制提供了极为重要的实施方案。

展品故事

1956 年 2 月一个周末的下午，叶剑英请钱学森夫妇和陈赓到自己家里吃饭。饭桌上的话题，始终围绕着钱学森最擅长的导弹。钱学森就导弹研制思路、机构设置及人力财物等问题，畅谈了自己的设想，初步勾画出一幅我国导弹事业的蓝图。

叶剑英听得十分入迷，当场决定，要把钱学森的设想告诉周恩来。

在中央军委，叶剑英、陈赓找到周恩来并向他做了汇报。周恩来频频点头，表示赞同。他当场交给钱学森一个任务，让他写一个意见，设想一下如何组织一个导弹研究机构。

几天后，钱学森完成了《建立我国国防航空工业意见书》（以下简称《意见书》）的起草工作，《意见书》是中国导弹事业的最早蓝图，当时为了保密，用"国防航空工业"这个词代替火箭、导弹。在《意见书》中，钱学森提出，要"以最迅速的方法，建立起我国国防航空工业发展的三部分：研究、设计和生产"。

周恩来详细审阅了《意见书》，修改后，在标题下署上了钱学森的名字，随后批示，将《意见书》印发中央军委各委员。在呈毛泽东主席审阅的那一份《意见书》上，周恩来写道："即送主席阅，这是我要钱学森写的意见，准备在今晚谈原子能时一谈。"

《意见书》受到了中央的高度重视，一个月后，在中南海西花厅，周恩来亲自主持召开中央军委会议，安排钱学森做报告，谈谈发展我国导弹技术的设想和初步规划。

半年后，国防部第五研究院正式成立，钱学森任第五研究院院长。在周恩来、聂荣臻的领导下，他肩负起我国火箭、导弹和航天器研制的技术领导重任。

打卡指南
钱学森图书馆建筑特色

钱学森图书馆由我国著名建筑设计师何镜堂院士领衔设计。整体建筑采用了"大地情怀，石破天惊"的设计理念，方正的结构寓意钱学森心系祖国的赤子之心和梦牵大地的深沉情怀，而裂开的石头则寓意钱学森不断迸发的智慧火花，象征在戈壁滩中一飞冲天的中国航天事业。建筑外墙以红灰色为主调，外形简洁、庄重，远看恰似戈壁滩中的风蚀岩。面向华山路的赭红色外墙上隐约可见钱学森微微浅笑的面庞。

钱学森图书馆外景

序厅标志性的艺术造型

序厅最具标志性的艺术造型"升腾的智慧"非常值得打卡，它是钱学森爱国、奉献、智慧的化身。4015页

升腾的智慧

"钱学森手稿"组合而成的倒三角艺术装置，如同一朵蓬勃的蘑菇云在空中升腾，寓意钱学森从 1955 年 10 月回国到 1966 年主持"两弹结合"试验获得成功所历经的 4 015 个日日夜夜。艺术造型上下延续 9.8 米的高度，象征钱学森 98 年的壮丽人生。

银龄贴士

（1）馆内各层均设有座椅，参观过程中可稍作休憩。

（2）馆内寄存处提供小件物品免费寄存服务。

（3）服务台免费提供轮椅、童车及拐杖等设备。

（4）馆内各层均设饮水机，可提供饮用水。

（5）钱学森图书馆对青少年极富教育意义，带上第三代一起参观也是不错的主意。

城市微旅

线路主题：钱学森的上海印记

线路概述：

钱学森是享誉海内外的杰出科学家，他出生在上海，并在这里度过了他的大学时光，今日上海航天的辉煌成就也镌刻下钱学森的印记。"钱学森的上海印记"路线以钱学森为线索串联起上海光荣的革命传统与耀眼的航天成就，从岐山村里不为人知的往事到百年学府中的"航空报国"之路，从首座国家级科学家纪念馆到寓教于乐的航天科普基地，用一天的行程细读百年航天辉煌路。

线路推荐：

第一站：钱学森旧居

上海市长宁区愚园路 1032 弄岐山村 111 号

第二站：上海交通大学钱学森图书馆

上海市徐汇区华山路 1800 号

第三站：上海交通大学徐汇校区

上海市徐汇区华山路 1954 号

第四站：上海航天科普研学基地

上海市闵行区元江路 3883 号

上海天文博物馆

2

场馆推荐

{ } *Museum recommended*

　　这里是中国现代天文学起步之地，坐落于已有百年历史的松江区佘山天文台园区。

　　上海天文博物馆拥有百年大望远镜展厅、百年天文台展厅、佘山印象多媒体展项、子午仪观测室等多个展厅。

　　一件件通过挖掘史料重新布置的展品和展项，带你重温百年前佘山之巅仰望星空的执着，以及我国现代天文事业蹒跚起步的点点滴滴。

场馆简介

　　上海天文博物馆原为法国传教士创建于 1900 年的佘山天文台，现隶属中国科学院上海天文台。20 世纪 90 年代，随着上海天文台新一批天文观测设备建设完成，佘山天文台原有设备退出科研一线。2004年，在上海市科委和上海天文台的共同支持下，上海天文台佘山科普教育基地进行全面改造，建成"上海天文博物馆"。

上海天文博物馆拥有一台建成于 1901 年的 40 厘米口径双筒折射望远镜，它是中国最早建成的大型天文望远镜，迄今仍为中国最大的折射望远镜之一。为这台望远镜而建设的佘山天文台是中国第一座真正专业从事天文观测的天文台。

场馆地址：上海市松江区西佘山山顶
开馆时间：8:30-16:30（16:00 停止入馆）
参观门票：12 元，全日制学生享受 8 元优惠票
交通路线：地铁 9 号线；公交南佘线、上佘线、松青线、石青线至佘山
咨询电话：021-57651723

展品亮点

帕兰子午仪

展品标签: 佘山天文台的帕兰子午仪于1925年购于巴黎,其主要部件是可沿南北方向旋转的80毫米铜制望远镜,能自动记录恒星过子午线的时刻。仪器安放在山顶的花岗岩基墩

上。基墩与周围的地板断开,确保周围的震动对观测不产生影响。帕兰子午仪曾参加过1926年和1933年两次国际经度联测。

展品故事

在佘山天文台的小径上,有座小小的雕塑,用来纪念国际经度测试活动。与之相关的,就是帕兰子午

仪，这是一台测量时间的望远镜——通过观测星星经过子午线的时刻，来校准钟表时间。

19世纪20年代，无线电报技术已取得了不小的进展。在这种情况下，利用无线电报发播的时号把过去已经测定的全部经度重新再测定一次，能够使它们更加准确。

此前，测定某一个确定地点经度的最大困难是求得本初子午线的时间。现在，借助无线电报发播的时号，这一困难就迎刃而解。由于电波经过台站之间的时间非常短，因此，可以保证对相隔很远的天文台的钟摆进行比较而求得经度，并达到当时纬度已经达到的全部精度，一个国际性的联测方案由此产生了。

由于难以确保所有的点（台站）都达到最高的精度，因此，设想至少在三个基点上保证这个精度，由这三个基点构成覆盖全球的三角形：阿尔及利亚的阿尔及尔、中国的上海、美国加利福尼亚州的圣迭戈。

国际联测方法是把所有的天文观测结果和时号整理结果，都归结到一架走时非常精确的特定钟摆上。利用时号作钟摆比对所取得的结果，用于确定一个国际摆——世界上所有钟摆的平均，这样就有了一个可靠、精确、便于国际间转换的统一基准。

以此为基础，通过利用一些共同的时号同国际摆作比对，可以求得某一架钟摆相对于国际摆的改正值，即求得某架钟摆的国际时所应当加的时间。同时，每一个天文观测结果给出一个本地钟摆的改正值，于是通过一个简单的减法，就给出了观测地点——国际天文台的经度差。

1926 年和 1933 年进行了两次国际经度联测。当时，上海的徐家汇天文台被列为北纬 30 度附近三个

40 厘米双筒折射望远镜

展品标签：被誉为"镇台之宝"，在佘山天文台1901 年正式建成时，是亚洲最大的 40 厘米双筒折射望远镜，曾经被誉为"远东第一镜"。

经度基准点之一，而佘山天文台也参加了测量工作，并在此立碑纪念。

展品故事

佘山天文台最重要的观测仪器是一架名为"40厘米双筒折射望远镜"的庞然大物，这台望远镜由法国巴黎的高梯埃光学工厂制造，与大望远镜配套的10米铁制大圆顶也是法国制造的。

这台望远镜里面装有两个基本相同的折射望远镜，它们的物镜直径都是40厘米。这两个望远镜并排装在一起，却各有各的用途。其中一个望远镜的下端有目镜接口，可直接用眼睛观察；另一个望远镜的后面则装有底片盒，专门用来拍摄天文照片。

这台望远镜虽有3吨多重，但由于设计合理，它可以灵活地在架子上上下、左右转动，对准天上不同位置的星体。铁制大圆顶也能360°转动，它的上面有一道天窗，平时是封闭的，防止雨水、灰尘落进来。晴夜观测时，圆顶转到准备观测的方向，再把天窗打开，就可以用望远镜观测了。望远镜的下方有一个铁条焊成的座椅，它是一开始就有的原配观测座椅。

100 多年来，中外好几代天文学家坐在这个座椅上，度过了无数个不眠之夜。

40 厘米双筒折射望远镜在近百年的科研观测中拍摄了大量的天文底片，现在保存下来的就有 7 000 多张，它们不仅具有文物价值，还具有科研价值，迄今仍有科学家们在利用这些底片数据从事科研工作。

打卡指南

佘山天文台的"前世今生"

佘山天文台前身是法国天主教耶稣会于 1900 年建造的具有欧洲建筑风格的天文台，是中国境内最早的天文台之一，2013 年公布为第七批全国重点文物保护单位。作为我国最早的天文台，佘山天文台的百年老建筑经过三次主要修建：第一次是 1900 年建成主楼；第二次是 1928 年修建了东面的辅楼；第三次则

佘山天文台

是 20 世纪 70 年代的扩建。

　　在修缮过程中，专家发现，佘山天文台在 1900 年建造时使用的还是传统的红砖，1928 年则用上了混凝土，两次修建间隔不到 30 年，建筑所使用的主要材料就发生了巨大变化，而这一建筑潮流的变化，竟无声地记录在了佘山天文台的主体建筑中。在博物馆二楼，展陈团队特意开了两扇玻璃窗，将这一珍贵的"建筑记录"展示给观众。

　　立晷

　　上海天文博物馆的入口位于 1928 年修建的辅楼处，站在这里，抬头可见一个贴于墙上的立晷（竖立的日晷）。在有阳光时，游客可以看到由日光照射晷针而指示出的"真太阳时"。这个时间与当地经纬度、太阳在一年中的位置变化有关，因此与普通钟表所表示的"平太阳时"有几分钟的差异。最大差别可达

立晷

18 分钟，一般在几分钟内。

在博物馆入口处设立晷，一方面为了凸显天文与时间的紧密关系，另一方面也是为了致敬中国古人的智慧。

银龄贴士

（1）佘山之巅不仅是百年天文台所在，同时也是上海的天然最高点，高度近百米，建议安排充裕的游览时间，在漫步游览佘山之后，再缓步登上这处制高点。

（2）在参观之前，可先到天文台底楼的"印象佘山"多媒体展区，在山体构成的古朴空间内，回顾"从佘山到世界"的百年观星问天历程。

城市微旅

线路主题：天文地理——科学求索之旅

线路概述：

松江素有"上海之根"的美誉，如今又成为集科普、文化和游览于一体的好去处。在上海唯一的自然山林胜地——佘山国家森林公园周边，你可以通过天文望远镜观察无垠的星空，也可以徜徉于奇妙的植物之间，在历史遗存中追溯"上海之根"的文脉。科普创新的教育基地和人文荟萃的历史文化在此融会贯通，形成了一条"上知天文，下知地理"的科普文旅线路。

线路推荐：

第一站：上海天文博物馆

上海市松江区西佘山国家森林公园山顶天文台

第二站：上海辰山植物园

上海市松江区辰花路 3888 号

第三站：上海地震科普馆

上海市松江区佘山镇环山路

上海汽车博物馆

3

场馆推荐

Museum recommended

从最早的蒸汽汽车到内燃机汽车，从老上海的洋马路风情到各大汽车品牌背后不为人知的故事。上海汽车博物馆从历史、人文、科技、生活四个方面，为参观者展示四轮时代来临后，人类社会发生的翻天覆地的变化。

场馆简介

位于上海安亭的上海汽车博物馆是中国首家专业汽车博物馆，于 2007 年 1 月 17 日正式向公众开放。展馆建筑面积 2.8 万平方米，展区面积逾 1 万平方米。

博物馆外依景色优美的上海汽车博览公园，内设一楼历史馆、二楼珍藏馆、三楼技术馆及四楼亲子互动空间等区域，近 50 个品牌的上百辆经典古董车陈列其中，向观众呈现汽车百年发展的若干精彩瞬间。

展品故事

任何事物的首次出现，都会伴随着无数的质疑和革命性的意义，第一台汽车的出现也是如此。

1844 年，卡尔·本茨出生在德国的卡尔斯鲁厄，年少时期的本茨就开始在学校里接受机械工程方面的教育。作为汽车的发明人，卡尔·本茨早年开发的单缸二冲程发动机取得了巨大的商业成功，使他能够花更多的时间去实现他的梦想——创造一辆由汽油发动机驱动的轻型汽车。

场馆地址：上海市嘉定区博园路 7565 号
开馆时间：9:30-16:30（16:00 停止入馆）
　　　　　周一闭馆（国定节假日除外）
参观门票：成人票 60 元 / 人（限带两名
　　　　　1.3 米以下或 6 周岁以下儿童）、
　　　　　学生票 40 元 / 人、优惠票 30
　　　　　元 / 人（残疾人、军人）
交通路线：地铁 11 号线安亭站出口步行 1.7 千米到达；
　　　　　公交 112 路、116 路博园路墨玉南路站
咨询电话：021-69550055

展品亮点

奔驰一号

展品标签：世界上第一辆汽车。1886 年，卡尔·本茨为他设计的三轮汽车申请了专利，这就是公认的世界上第一辆汽车。不过，这里展出的奔驰一号是复制品，真的那辆作为德国国宝，珍藏在慕尼黑科技博物馆。

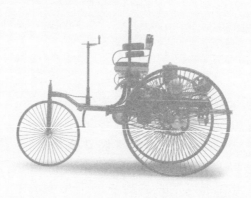

1886 年 1 月 29 日，卡尔·本茨向位于柏林的德国帝国专利局递交了一台三轮汽车的专利申请，被授

予的专利号码为 37435。这份证明被视为汽车的"出生证"，而这一天也成为人类使用交通工具历史上重要的一天，被确定为汽车的生日。

专利的开头这样写道：此专利物主要用于小型马车和小型船只的运转，例如一至四人的运输工作。驱动力由小型汽油发动机提供，其中的可燃气通过附属装置（化油器）从汽油中生成，发动机的气缸可以通过蒸发冷却系统来保持稳定的工作温度。

这台车于 1886 年 7 月 3 日在曼海姆的林格大街上首次公开驾驶，不过公众的反应却是惊恐大于好奇。毕竟 19 世纪末期的道路仍然由马车所主宰，世人的眼光也不难理解了。不过，这辆汽车的第一次长途旅行，驾驶人却不是卡尔·本茨。

1888 年 8 月 5 日，卡尔·本茨的妻子贝尔塔·本茨带着他们的两个儿子驾驶着改进后的三轮汽车，从曼海姆出发驶向了贝尔塔的娘家——普福尔茨海姆，进行了历史上第一次驾驶汽车的长途旅行。单程距离长达 106 千米，用时 12 小时，贝尔塔以实际行动证明了汽车是可以投入使用的，她也成为世界上第一位女性驾驶员。

有趣的是，作为发明者的卡尔·本茨事先并不知情。贝尔塔在旅途中购买汽油的药房被列为历史上第一个加油站。假如没有母子三人勇于挑战的精神，卡尔·本茨及奔驰的历史恐怕还要被改写。

卡尔·本茨发明的第一辆汽车只有区区不足一匹的马力，然而对于人类历史的影响却是巨大的，它用全新的理念改变了所有人的出行方式和半径。

红旗 CA72

展品标签：中国第一代正式生产的轿车。1958年，第一汽车制造厂的工人和技术人员经过不断努力，仅花了一个月的时间，便制造出红旗CA72型高级轿车，这是中国第一代正式生产的轿车，也是上海汽车博物馆的镇馆之宝。

展品故事

1958 年 8 月，中国生产的第一款高级轿车试制成功，并有了一个传承几十年的名字——"红旗"。

红旗轿车是在之前第一汽车制造厂研发的东风牌小轿车基础上继续发展改进而来的。1958 年 8 月至 1959 年 5 月，经过多次试验后，红旗轿车定型样车被正式编号为 CA72，这是我国有编号的第一辆真正的高级轿车，是我国汽车工业的标志和里程碑。

红旗 CA72 轿车不仅配备了 V8 液冷发动机等我国当时最先进的技术成果，更凝聚了中国工匠对豪华美学的第一次探索：车身颀长，通体黑色，雍容华贵，庄重大方，具有元首用车的气派；车前格栅采用中国传统的扇子造型，后灯使用了大红宫灯，别具一格；发动机罩上方的标志是三面红旗，迎风飘扬，极富动感；内饰仪表板用"赤宝沙"福建大漆，座椅包裹了杭州名产织锦缎，方向盘采用长影美术家设计的古车图案，民族气息十分浓郁。

如果说囿于新中国当时薄弱的工业基础，红旗 CA72 轿车在技术上尚未摆脱模仿跟随西方的发展模式，那么在"豪华感"的营造上，却是完全按照中国人的喜好，以中式美学为主导展开。可以说，时至今日，在豪华车的设计和造型上，中国人一直坚持的"大气"，便是源自当年的红旗 CA72 轿车。1960 年，红旗 CA72 轿车亮相莱比锡国际博览会，受到一致好评，并被编入《世界汽车年鉴》。

自 1959 年 9 月投产下线至 1966 年停产，红旗 CA72 轿车陆续生产了 202 辆，主要用于外事接待和领导人用车。

打卡指南

独具特色的展馆建筑

"空间的沟通与融会，视觉的穿透与交流"是上海汽车博物馆建筑的精髓，也是对传统汽车博物馆的挑战。建筑外立面采用大面积的通透玻璃，使参观者能最大限度享受博物馆外围公园的自然景观。同时，建筑形态采用了大量流动的曲线，象征汽车高速行驶状态下的运动轨迹，具有较强的现代感，能体现汽车博物馆的运动主题。建筑外观酷似叠加的书本，隐喻博物馆的知识趣味与文化品位。

　　博物馆前后两个中庭空间贯穿一至三层展厅，构成视觉上的联系，三部透明的玻璃电梯穿插其中，宽大的弧形坡道作为垂直空间上的联系，创造了丰富的内部空间层次，展现了汽车的动感。大厅内熠熠发光的是云石墙体，现代材料、构图与光影，让人留下了过目难忘的印象。

上海汽车博物馆中庭

　　（1）上海汽车博物馆建筑面积2.8万平方米，展览面积逾1万平方米，是目前我国规模最大的行业博物馆之一，建议预留半天左右的参观时间。

　　（2）博物馆设有停车场，车位充足。

　　（3）不能带食物入馆，馆内的咖啡馆有售卖简餐。

　　（4）博物馆当天可以多次进出，在一楼检票处盖章即可。

银龄贴士

城市微旅

线路主题：安亭红色文化之旅

线路概述：

中国改革开放 40 余年来，在各方面都取得了巨大的成就。在中国共产党的领导下，我们用 40 多年时间走完了西方国家历时 200 多年的工业化道路。通过参观上海汽车博物馆、上海大来时间博物馆，了解新中国工业发展的缩影。

线路推荐：

第一站：上海汽车博物馆

上海市嘉定区博园路 7565 号

第二站：上海汽车博览公园

上海市嘉定区博园路 7575 号

第三站：大来时间博物馆

上海市嘉定区和静路 981 号 2 楼安亭市民广场

江南造船博物馆

4

场馆推荐

{ *Museum recommended* }

　　福建舰的"诞生地"、江南造船厂的"前身"是大名鼎鼎的江南机器制造总局。它成立后的百余年，见证了中国民族工业的不懈探索的精神和不断发展壮大的历史。江南造船厂不仅是中国历史最为悠久的军工造船企业，也在漫长的岁月中为中国创造了无数个"第一"。

场馆简介

　　江南造船博物馆是中国近现代科技史和工业史的缩影，是上海唯一的跨越三个世纪的造船行业大型博物馆。在 1800 平方米的江南造船博物馆内，459 张老照片、77 件实物和 21 件船模展示了 1865 年以来

"江南造船"在不同历史发展时期的一些代表性产品。"江南造船"的百年船谱几乎就是一部中国军舰的百年发展史。

　　江南造船博物馆分上、下两层展厅，一层以多媒体形式向观众展现江南造船厂世界领先的高端造船技术；二层则按历史时期，通过模型、史料、珍藏实物等，生动全面地向参观者介绍这座拥有 157 年历史的"中国第一厂"的发展轨迹。

场馆地址：上海市崇明区长兴岛江南大道
　　　　　988 号
开放时间：8:00-17:00（16:00 停止入馆，
　　　　　仅接受团队预约参观）
参观门票：成人 100 元 / 人，学生 80 元 / 人
交通路线：申崇四线 / 申崇五线、长兴 1
　　　　　路 / 长兴 2 路、中船 4 号门站
咨询电话：021-66994602

展品亮点

中国第一台万吨水压机

展品标签：1964年，中国发生了两件轰动全国的大事：一件是首枚原子弹爆炸成功，另一件是首台万吨水压机顺利投产。万吨水压机的建成使中国的工业水平迅速迈上了一个新台阶。

展品故事

在 20 世纪五六十年代，"万吨水压机"是一个国家发展工业的核心装备和工业实力的重要象征。当时，我国的重工业发展刚刚起步，国内只有几台中小型水压机，重型锻件长期依赖进口，制造万吨水压机迫在眉睫。

1958 年 5 月，中共八大二次会议在北京举行。时任煤炭工业部副部长沈鸿写信给毛泽东，建议制造一台万吨水压机，毛泽东非常赞同，将此信印发大会代表。经讨论，决定由上海制造万吨水压机，并确定由沈鸿负责这项超级工程。沈鸿在上海多家工厂进行调研，最终选择了江南造船厂作为制造单位。

1959 年 2 月 14 日，江南造船厂举行了万吨水压机开工典礼，一场史无前例的工业大会战拉开了帷幕。在制造万吨水压机的过程中，江南造船厂的工人用丰富的经验创造出许多"土方法"。

"蚂蚁啃骨头"。水压机上每一个部件都要经过金属切削、精密加工后才能安装。不少部件尺寸巨大，普通机床无法加工，如三座横梁各有 10 米长、8 米宽的大平面要加工，而我国没有这么大的铣床。这时，一位人送外号"袁大刀"的工人袁章根反其道而行，干脆把机床搬到了工件上，几台移动式土铣床在巨大的横梁上同时切削。工人们自豪地说："这是蚂蚁啃骨头，骨头不仅啃得动，还啃得精！"

"蚂蚁顶泰山"。要吊装 300 吨重的横梁，需要超过 350 吨的起重机，而当时的江南造船厂只有一台 8 吨的履带式起重机和一些小型千斤顶。怎么办？经过再三研究，老起重工魏师傅想到了一个"土方法"——几十个千斤顶摆在 300 吨重的横梁下面，一人把住一个千斤顶，魏师傅一吹哨，大家就一齐使劲掀千斤顶。每掀一次，下横梁只能上升 1~2 毫米。上升到 20~30 厘米时，起重工人在横梁下垫个硬木垫，把千斤顶垫高后再接着掀……经过三天三夜的连续战斗，终于用这几十个小小的千斤顶将 300 吨重的下横梁顶到了 6 米高。

"银丝转昆仑"。接下来的艰巨任务是要下横梁"翻身"。如何让这个庞然大物翻身呢？江南造船厂的老师傅们先在下横梁重心部位的两边各焊上一根"翻身轴"，再用废料焊起两个"翻身架"托住翻身轴。然后，把垫在下横梁下面的硬木撤掉，两个翻身架就像抬箩筐一样，将下横梁支撑住了，下横梁的重心正好落在翻身架上，翻身轴两侧的重量也正好相等。工人只要用钢丝轻轻一拉，这个 300 吨重的大家伙就可以凌空翻身了，并且翻得非常稳当。

1962 年 6 月 22 日是中国重工业史上的里程碑——我国自行设计制造的 12 000 吨自由锻造水压机建成并正式投产。

作为第一台国产大机器，万吨水压机的诞生标志着中国重型机器制造业步入更高水平。在那个物质匮乏、精神饱满的年代，它曾经为国人注入一剂"强心针"，成为中国人心中浓墨重彩的工业记忆。

"远望"系列船

展品标签: "远望"系列船均由江南造船厂建造,助力了航天、科考事业的发展,被称为"海上科学城"。

展品故事

1974年,国务院确定江南造船厂成为"七一八工程"的主力厂,承担了三型五船的建造任务,工程包含航天测量船"远望一号"、"远望二号"、远洋调查船"向阳红10号"。

1979 年 12 月,"远望一号"和"远望二号"建成,历时 13 年。至此,中国成为世界上第四个拥有远洋航天测量船的国家。

1995 年 3 月,"远望三号"交付,集中体现了我国 20 世纪 90 年代造船工业和电子工业的先进水平。

1998 年,"向阳红 10 号"改装成为"远望四号"船。

2007 年 9 月和 2008 年 4 月"远望五号"和"远望六号"分别交付,再次圆满完成国际先进的第三代航天远洋测量船建造任务。

2016 年,江南造船厂交付了"远望七号",是目前最先进的航天远洋测量船。

1980 年 5 月 18 日,我国向太平洋预定海域发射的第一枚运载火箭获得圆满成功。"远望"船完成了远程火箭飞行末段的轨迹测量与弹头打捞。

在一系列的航天发射任务中,特别是在近年成功发射的载人航天飞船"神舟五号""神舟六号"和"嫦娥一号"探月卫星等重大任务中,整个"远望"船队起到了极其重要的作用。

打卡指南

寻找江南造船博物馆的"第一"

2022 年 6 月 17 日，中国第三艘航空母舰——"福建舰"在上海正式下水，这艘标志着中国海军重大飞跃的"福建舰"，正是"江南造"。

江南造船厂是中国国内规模最大、设施最先进、生产品种最为广泛的现代化造船基地，其博物馆里陈列着中国民族工业发展史上的诸多"第一"：第一艘潜

江南造船展示馆

艇、第一台万吨水压机、第一艘跨海火车渡轮、第一艘自行设计建造的万吨轮、第一艘石油液化气船、中国海军第一次环球航行的军舰、第一艘机动兵轮、第一门火炮、第一支后装线膛枪……

如今，这些"第一"浓缩成一幅幅历史图片和一段段生动展示，记录的不仅是江南造船厂的成长，更是我国船舶技术进步的缩影和综合国力提升的华章。参观时，不妨找一找这些展示在江南造船博物馆中的"第一"吧！

银龄贴士

（1）江南造船博物馆目前仅接受团队参观，交通相对不便，组团包车前往会是不错的选择，建议安排一天行程，还可游览长兴岛的其他景点。

（2）江南造船博物馆位于江南造船厂厂区内，在征得厂方允许的前提下，如有机会参访造船现场、停船码头，一定会留下难忘的记忆。

城市微旅

线路主题：筑梦深蓝向海洋

线路概述：

来到长兴岛参观江南造船博物馆、江南造船企业文化展示馆、中国船舶集团所属大型船舶制造现场，了解自 1865 年江南制造局建立至今的百年造船史；见证在中国共产党的正确领导下，船舶工业的发展历程；近距离参观大型在建船舶，感受江南造船厂作为民族工业摇篮、"大国工匠"诞生地的风采。

线路推荐：

第一站：江南造船博物馆

上海市崇明区长兴岛江南大道 988 号

第二站：江南制造总局旧址（江南造船厂工人革命斗争地旧址）

上海市黄浦区浦西世博园区内

上海气象博物馆

5

地处繁华的闹市，紧邻徐家汇天主教堂，在一片摩天大厦的环绕下，一栋三层砖木结构的小楼静静地立于"水泥森林"之中，140多岁的它镌刻着岁月的痕迹，亦见证着上海的百年风云。

早在1879年的夏天，这座古朴建筑里诞生了中国第一个台风警报。这里就是曾有着"远东第一观象台"之称的上海徐家汇观象台，也是如今的上海气象博物馆。

场馆简介

上海气象博物馆是集上海气象发展历史、气象展品展示、气象科普互动、爱国主义教育于一体的科普场馆。作为中国大陆第一个百年观象台，徐家汇观象台从 1872 年至今持续开展气象观测，见证了上海近现代气象科学发展历程。

博物馆室内展陈面积 3 000 余平方米，展陈内容包括徐家汇观象台科技史、新中国气象事业成就、气象科技互动体验、气象历史资料及仪器展示、科学讲堂等，室外设有气象观测科普站。多年来，上海气象博物馆全方位打造气象科普品牌，开展了"气象人生科普集市""科学之光气象万千——科学之夜""博物馆奇妙夜""气象与生活"等特色科普活动，举办了"镜头里的气象万千""翰墨气象书画展""长三角气

场馆地址：上海市徐汇区蒲西路 166 号
开放时间：周二至周日，周一闭馆（国定节假日开放通知请关注微信公众号"上海气象博物馆"）；每周一 11:00 开放本周二至下周二参观预约（遇节假日相应调整）；每预约批次均有讲解员带队，免费讲解
参观门票：免费
交通路线：地铁 1 号线 3 号、8 号出口
咨询电话：021-64389338

象科普展"等多个科学艺术融合展览，是上海市气象部门普及科学知识、弘扬科学精神、传播科学思想、倡导科学方法的重要平台。

展品亮点

能恩斯手绘的 1879 年 7 月 31 日台风的台风眼

展品标签：1879 年，上海徐家汇观象台工作人员为了探索台风的奥秘，尝试绘制了一次经过上海附近海域北上的台风的形态。这张手绘图凭借科技与艺术的完美融合，成为上海气象博物馆当之无愧的镇馆之宝。

展品故事

20世纪前后，台风经常会给上海带来灾难。1879年，上海徐家汇观象台利用手头有限的数据，发布台风袭沪预报，起到了很好的效果。当时，担任气象台台长的瑞士传教士能恩斯对那次台风进行了数据收集，整理出版了《1879年7月31日的台风》一书。书中有一幅台风气压的变化图，很好地描绘了台风过境前后气压的分布，是不可多得的台风资料。

能恩斯靠着手头的资料，还绘制了"台风眼"（台风螺旋形图像）。当时，在没有卫星等先进科学仪器的情况下，根据有限的气象学知识，能恩斯把台风结构图绘制出来，和现在卫星拍摄的台风形态几乎一模一样，实属难得。能恩斯开创了远东气象史上关于台风路径记录的先河，他还提出了台风垂直截面旋风理论，其思想框架和主要结论被后来的台风发生发展理论和卫星云图证明是正确的。

1883年4月，能恩斯写信给法租界公董局，提议"以上海如此重要的商埠，若设置一个气象信号台，并核定时刻的标准，是很有重大意义的"。同年5月

29 日，公董局决定在外滩洋泾浜桥堍创办气象信号台，并于 1884 年 9 月 1 日正式对外服务。信号台的业务由徐家汇观象台领导，台长由徐家汇观象台台长兼任，气象警报和实时信号均由徐家汇观象台决定发布。

时至今日，外滩气象信号台虽经过平移，仍守望外滩，见证历史。

1920 年外滩信号塔信号符号

展品标签：这是法国传教士劳积勋在担任台长期间设计定型的一套可视气象信号系统。上海如今使用的"蓝黄橙红"预警，以及香港使用的热带气旋警告"风球信号"，都是脱胎于这套系统。

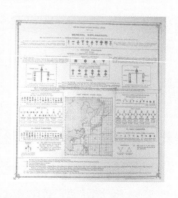

展品故事

法国传教士劳积勋是徐家汇观象台第三任台长，他将台风理论的研究应用于实践，为航海的船员服务，被誉为"台风神父"。1893年至1918年期间，他研究了中国沿海620次台风的路径，按月份详细描述了影响中国的台风的路径，对航海和科学研究都有深远的影响。

劳积勋的众多成就中还有一项更为大众熟悉——可视气象信号系统，主要用于为船只提供天气变化，尤其是恶劣风暴的警报。

外滩信号台开始是使用各种不同形状和颜色的旗号来发布气象和授时信息的。旗号虽然色彩鲜明，但也有缺陷，在风静时，旗号不能飘扬，人们不易辨别。劳积勋在担任台长期间，根据船长和海员们的意见，不断改进信号。为了使人们从各个方向看空中的信号投影都一致，他采用圆形、锥形等不同形状组成的标记代表10位数码，台风移动的方位采用海员熟悉的罗盘形式，将32个方位用数码表示，形成了一套"外滩信号塔信号符号"。

劳积勋先后在奥地利、中国香港等地的气象会议上推广这套系统。中国海关在 1898 年就决定所属各灯塔站统一使用外滩电码。自 1931 年 3 月 1 日起，东亚各国海关所属港口（除朝鲜外）都以此系统为标识，它也是当代气象预警标识的源头。观众可以在展厅的墙上看到"1920 年外滩信号塔信号符号"的珍贵原件。

有趣的是，劳积勋还有一位名人"粉丝"。杨绛在《走到人生边上——自问自答》一书中有篇《劳神父》，她写道，"我小时候，除了亲人，最喜欢的是劳神父。什么缘故，我自己也不知道……他的上海话带点洋腔，和我讲的话最多，都很有趣，他就成了我很喜欢的朋友。"上海曾有一条以劳积勋命名的路叫"劳神父路"（现合肥路），足见其当时在沪上的声望和地位。

打卡指南
站在 32 方位罗盘正中心听回声
上海气象博物馆进门处的 32 方位罗盘是著名的

"网红"打卡点。由于气象服务最早运用于航海，所以为了更好地诠释二者关系，馆方邀请专家进行测量，依照实际的东南西北方位制作了这件展品。32方位罗盘指示的东南西北，都是精准的方位。站在罗盘正中心说话，会有奇妙的现象发生：你能听到自己讲话的回声，而旁人则无法听到。这是由观象台门厅顶部特殊构造而形成的。

了解上海百余年来的年平均气温变化

1872年12月1日，徐家汇观象台开始对上海气象进行不间断观测，即便是在战争的炮火中也从未中断。展厅墙上有一张图表，记录了上海1873年至今的年平均气温变化，可以看出呈上升趋势。我们参观时可以在图表上找到自己的出生年份和当年上海的平均气温。

当一回"气象主播"

1915年，《申报》首先刊登徐家汇观象台天气预报，开始对公众提供天气预报服务。在博物馆的互动气象演播厅，游客可以化身"天气预报员"和"气象主播"，站在绿幕背景前，在专业的演播灯和提词板的帮助下，感受气象播报的工作日常。此外，互动区还有 VR 设备、"现场模拟暴风雪"等让人身临其境的体验活动，游客可以戴上 VR 眼镜，一探台风眼里的宁静，感受外围的"疾风骤雨"，走进神奇的南极。

银龄贴士

（1）作为"徐汇区老年教育免费课程"上海市气象局宣教中心学习点，上海气象博物馆推出"气象与生活"课程，包括"二十四节气""台风那些事儿""旅游天气攻略"等内容，非常适合老年朋友报名体验。

（2）上海气象博物馆当前是"网红"场馆，预约名额较为抢手，建议提早预约。博物馆靠近徐家汇书院、徐家汇天主堂，可统筹安排参观计划。

城市微旅

线路主题：科学路上

线路概述：

"经世致用、捐己奉公、勤学求索"的科学精神与爱国情怀在近四百年前就与徐汇这片土地紧紧相连：

明代著名科学家和"西学东传"的主要代表人物之一——徐光启选择在这里安眠；中国大陆第一个百年观象台在这里拔地而起；坐落于百年学府上海交通大学中的董浩云航运博物馆展示着中国新石器时代以来的舟船及航运历史……

线路推荐：

第一站：徐光启纪念馆（光启公园）

上海市徐汇区南丹路 17 号

第二站：上海气象博物馆

上海市徐汇区蒲西路 166 号

第三站：董浩云航运博物馆

上海市徐汇区华山路 1954 号

上海中国航海博物馆

6

场馆推荐

{ *Museum recommended* }

当人类扬起探索的风帆，当梦想在蓝色海洋上乘风破浪，一条条新的航线连接起陌生的大陆，描绘出一幅幅波澜壮阔的航海画卷。

上海中国航海博物馆，邀您跨越时空，体验大航海时代的无穷魅力。

场馆简介

上海中国航海博物馆位于浦东新区临港新城主城区滴水湖畔，是经国务院批准设立的国家级航海博物馆。博物馆建筑面积 46 434 平方米，室内展览面积 21 000 平方米。馆内以"航海"为主题，"博物"为基础，分设航海历史、船舶、航海与港口、海事与海上安全、海员、军事航海六大展馆，渔船与捕鱼、航海体育与休闲两个专题展区，并建有天象馆、4D 影院、儿童活动中心等场所，涵盖文物收藏、学术研究、社会教育陈列展示等功能。博物馆通过指南针、帆与披水板、大比例现代钢船模型等展品，"航海模拟器""学打 30 多种水手结"等互动展项，展示了

场馆地址：上海市浦东新区南汇新城镇申港大道 197 号

开放时间：9:30-16:00（15:30 停止入馆）；周一闭馆（国定节假日除外）

参观门票：成人 30 元 / 人，学生及教师 15 元 / 人，60～69 周岁老人 10 元 / 人，6 周岁及以下或身高 1.4 米（含 1.4 米）以下儿童、70 周岁及以上老人、现役军人、国家综合性消防救援人员、公安民警、离休干部、军队离退休干部、残障人士（含伤残军人、伤残民警）、烈士家属、海员、全国医务工作者、博物馆协会会员凭相关证件免费参观

交通路线：地铁 16 号线滴水湖站 2 号口转乘 1096 路环湖西二路至申港大道站

咨询电话：021-38287777

7 000 多年的中华航海历史，让观众在互动参与中尽情享受航海的乐趣。

展品亮点

明代福船

展品标签：这是按照 1∶1 实船比例制造的巨型明代福船，船首尖，船尾宽，两头上翘，总长 30.6 米，宽 8.2 米，型深 3.5 米，主桅杆高 26.6 米，船体总重约为 280 吨，设计排水量 253.6 吨，船式巨大。

展品故事

福船是对中国福建、浙江一带所造尖底海船的统称，具有结构坚固、载货量大、操纵良好等特点，适用于远洋航行。15 世纪，古代中国的帆船发展进入鼎盛时期，造船工艺和造船技术领先世界。伟大的航海家郑和七下西洋，他的船队主要代表船型之一就是福船。郑和下西洋规模之大、时间之久，既是中国古代航海史上惊人的壮举，也书写了世界航海史上的雄伟篇章。

博物馆中的这艘船模以郑和下西洋船队中的海船为原型，依据历史文献记载，仿照明代福船的样式建造，采用了榫卯连接和水密隔舱等传统造船工艺技术。在船首和船尾，分别绘有狮子头和鹚鸟，并缚以鲜红绸带。此外，按照航海文化传统，船尾二楼舱室内供奉了一尊在福建莆田雕塑的妈祖坐像，生动还原了昔日福船航海的情形。

福船是我国传统四大船型之一。作为主要航行于浙江南部、福建及广东东部一带洋面的海洋木帆船，福船"高大如楼"，具有底尖、上阔、首昂口张、尾部高耸的船型特点，且有多层底板、水密隔舱的抗沉设计，因吃水深、利于破浪而畅行于深海。

唐末至宋元时期，海上丝绸之路日渐繁盛。此时期，福船多用作商贸船，船型也呈现大型、宽阔的特点，利于载物，如泉州宋代海船长宽比为 2.6：1，这种福船促进了唐宋元时期海外贸易的繁荣发展。直到帆船时代结束，福船都是海上丝绸之路的主要船型，它的优良性能也成就了郑和下西洋这一举世壮举。

明清时期，受海禁政策影响，尤其是嘉靖时期倭患影响，福船被有意识地改造成战船，整体船型也往瘦窄、轻便的中小型福船方向发展。此时的福船长宽比为 5：1 左右。与倭船相比，福船的明显优势在于船大可乘风下压，但福船也有明显的劣势，即船大不能行于近海，且"无风不可使"。因此，倭船入里海，则用小型的苍船迎击追逐。由于福船船型优良，倭寇将平底船多贴底修缮为尖底福船形制，或者直接从福建沿海盗购福船，使得原本月余的航程缩短为几日，成为嘉靖时期倭患严重的促发因素。从 16 世纪中叶开始，"福船"几乎成为战船的代名词。

《大明混一图》

展品标签：地图长 4.56 米，宽 3.86 米，面积近 4 平方米，彩绘绢本设色，四边用明黄缎子围边，正上方书写"大明混一图"。"混一"语出《战国策·楚策》，"欲经营天下，混一诸侯，其不可成也亦明矣"，意为"大一统"或"天下一统"，"大明混一图"即明代世界地图之意。

展品故事

《大明混一图》绘制于明太祖朱元璋洪武二十二年（1389），以大明王朝版图为中心，东起日本，西达欧洲，南括爪哇，北至蒙古，是我国目前已知尺寸最大、年代最久远、保存最完好的古代世界地图。《大明混一图》没有明显的疆域界限，仅以地名条块的不同颜色来区别内外所属。清初，地图内的全部汉字地名都按等级贴上了大小不同的满文标签。

这幅地图着重描绘了明初的各级治所、山脉、河流的相对位置，镇寨堡驿、渠塘堰井、湖泊泽池、边地岛屿，以及古遗址、古河道等共计1000多处。明初的十三布政使司与所属府州县治所用粉红长方形书地名表示，其他各类聚集地均直接以地名定位，不设符号。蓝色方块红字书"中都"（今安徽凤阳）、"皇都"（今江苏南京），指出明初政治中心所在。

这幅地图的山脉均用青绿山水工笔技法描绘，或险峰或峻岭，各有其名，五岳（泰山、恒山、华山、衡山、嵩山）与五镇（霍山、沂山、吴山、无闾山、会稽山）精美醒目，在粉红长方形内注明方位及名称。

长白山、昆仑山、大小雪山涂以白色，意为终年积雪不消。

这幅地图的河流均用灰绿色曲线表示，水道纵横，标明水域百余条，较大的河流还标明渊源，鄱阳湖、洞庭湖、太湖等三大湖泊清晰可见。唯有黄河是以粗黄曲线表示，可以看出自元末黄河决堤后，在山东境内分成两支，故道由东营利津入海，新道自连云港新浦出海。海洋以鳞状波纹线表示，海岸、岛屿的相对位置基本准确，礁石、沙洲分别注明。广东沿海绘制出珠江口的位置。

这幅地图在绘制上以内地较详、边疆略疏为特点。域外的欧洲和非洲地区描绘得很详细，河道湖泊、红海黄沙，绘制规整，笔法流畅。非洲大陆位于这幅地图的左下方，其中河流的方位非常接近埃及尼罗河与纳米比亚奥兰治河，凸出部分的山地与南非德拉肯斯山脉的位置吻合。地图不仅清晰地描绘出南亚次大陆，还细心地绘出了阿拉伯半岛东面的卡塔尔半岛，这与现代地图已经相当吻合了。

地图是另一种语言和文字，代表了人们对未知的辽阔世界的探索。这幅《大明混一图》是我国迄今为止能见到的最早描绘欧洲与非洲的世界地图（比欧洲早100多年描绘出非洲大陆），属于国宝级文物。它不仅绘制精美、准确，而且承袭了自宋代以来，尤其是元代的航海知识，是我国古代航海事业的重要成就之一。

打卡指南

变身焊接工程师

船舶馆主要展示现代船舶的设备结构与不同时代的造船技术，力图通过对船舶设备结构及建造的分解、介绍与展示，向观众呈现一幅清晰、立体的船舶"图纸"。馆内的热门展项——"虚拟焊接"让游客得以体验一把焊接工程师的实际操作，非常值得一试。

全馆最"贵"的春秋大翼战船

在遍是珍宝的博物馆中，很难评定哪件展品是价值最高的，但游客们在看到春秋大翼战船的瞬间，都会感叹，确实堪当全馆最"贵"！这艘船通体由纯金打造而成，可这还不是它最令人惊叹的地方，在如此小巧的一艘船上，上下两层分别配载了士兵、划桨手，就连战斗所用弓箭的细节都栩栩如生。

（1）博物馆共有三层，展出内容丰富，即便简单浏览也需 2 小时左右，建议预留半天的游览时间。

（2）目前博物馆已试点在 16:30 至 20:00 向公众免费开放户外区域，游客不仅可以与馆外大型展品亲密接触，还能在美丽的博物馆夜景中休闲漫步。

城市微旅

线路主题：奋楫者先

线路概述：

本线路通过走进临港、走进自贸新片区，见证"奋进新征程，建功引领区"的浦东宣言。

线路推荐：

第一站：上海浦东开发开放主题展馆

上海市浦东新区合欢路 201 号

第二站：南汇嘴观海公园司南鱼广场

上海市浦东新区南汇新城世纪塘路

第三站：上海中国航海博物馆

上海市浦东新区南汇新城镇申港大道 197 号

第四站：滴水湖

上海市浦东新区南汇新城镇环湖西一路

第二部分

行业风云

上海电影博物馆

7

场馆推荐

{ *Museum recommended* }

电影这一艺术形式自 1895 年诞生以来，不过一百多年。在中国电影史上，上海无疑是中国电影的发祥地，上海电影占据了中国电影的半壁江山，也是华语电影的根脉所系。

踏入位于漕溪北路的上海电影博物馆，仿佛乘上了影视艺术的时光机。在这里，你将领略上海电影和中国电影的发展进程与辉煌成就，感受电影艺术的魅力。

场馆简介

上海电影博物馆位于徐汇区漕溪北路 595 号上海电影集团大楼的一至四楼，总体面积达 1.5 万平方米，是一座融展示与活动、参观与体验于一体，涵盖文物收藏、学术研究、社会教育、陈列展示等功能的行业博物馆。博物馆分为四大主题展区、五号摄影棚及一座艺术影厅。这里呈现了百年上海电影的魅力，生动演绎了电影人、电影事和电影背后的故事。上海电影博物馆是满足大众电影文化需求的艺术圣殿，是上海电影乃至中国电影最为重要的展示窗口之一，也是上海城市文化的又一新地标。

场馆地址：上海市徐汇区漕溪北路 595 号
开放时间：9:30–16:30（16:00 停止售票和入馆），周一闭馆（国定节假日开放通知请关注微信公众号"上海电影博物馆"）

参观门票：成人票 60 元 / 人，学生票 30 元 / 人
交通路线：地铁 1 号线、4 号线上海体育馆站；公交 42 路、43 路、50 路、56 路、167 路、712 路、824 路、926 路、923 路、931 路、946 路、徐闵线
咨询电话：021–64268666

展品亮点

《大闹天宫》分镜头画面台本（万籁鸣手稿）

展品标签：万籁鸣是中国动画电影事业的开拓者，他为《大闹天宫》制作的分镜头画面台本手稿，细致呈现了他为动画电影《大闹天宫》付出的巨大努力，是一件极为珍贵的影片创作文献。

展品故事

动画电影《大闹天宫》塑造的美猴王形象广为流传。这一册纸张泛黄，但画面色彩依然绚烂的台本，就是出自这部影片的导演万籁鸣先生之手。

《大闹天宫》分上、下两集，由上海美术电影制片厂出品，创作、摄制前后历经四年，上、下集分别在 1961 年年底和 1964 年 9 月完成。一经问世，它就在多个国际电影展、电影节上获奖，赢得了全世界对中国民族动画的赞誉与关注。

《大闹天宫》的创作团队如今看起来，堪称"天团"，几乎都是中国动画片史、中国电影史乃至中国现代美术史上耳熟能详的名字。作为编剧之一和总导演的万籁鸣先生，是中国动画事业的开拓者，他跟他的三位弟弟，早在1926年，便在自己闸北住宅的亭子间里尝试摄制出了动画短片《大闹画室》。15年后（1941），万氏兄弟又完成了中国动画史上第一部长片《铁扇公主》。

为《大闹天宫》担任美术设计的，是中国现代美术大师张光宇、张正宇兄弟，他们分别负责片中人物和背景的造型设计。担任动画设计的严定宪等几位美影厂员工，也都是在美术电影领域享有盛誉的艺术家。

1978年，《大闹天宫》复映，许多人至今仍记得当时坐在影院里的那种喜悦。那一代人对神仙世界这一超现实景观的最初想象，就是《大闹天宫》赋予的，从花果山水帘洞到东海龙宫，从蟠桃园到凌霄宝殿，充满诗意和神奇。

　　《大闹天宫》最终完成了约 15.4 万张画面，拷贝全长 3140 米，放映时间 117 分钟，而它最初的构思，便浓缩在万籁鸣老先生手绘的这本分镜头画面台本之中。

35 毫米 NEWALL 电影摄影机

展品标签：这台 35 毫米 NEWALL 电影摄影机原属联华公司所有，机箱上的"联华"两字至今清晰可辨。联华公司使用该机器摄制了大量经典影片，这台摄影机也被誉为上海电影博物馆的镇馆之宝。

展品故事

2012 年年底的一天，上海戏剧学院教授石川在车墩影视基地的库房里，为上海电影博物馆的布展做文物调查。在器材库的一个房间里堆放着三个大小不一的器材箱，箱子的表面包裹着一层黑色的皮，八个角上有着白色的金属包角。石川把箱子轻轻地转过来，发现上面有着用白漆刷上去的文字"联华"，他忍不住朝身边的人大喊了一声："天哪，我们发现宝贝了！"

这是一部 20 世纪 30 年代的 NEWALL 牌 35 毫米电影摄影机，它原属曾经叱咤中国影坛的联华公司，产自英国，虽然型号已经磨损不清，但基本功能仍保持完好。

这部摄影机见证了当年国产电影的复兴运动，联华公司正是这场运动的急先锋。联华的很多经典名片，都由这部机器拍摄完成。

20 世纪 20 年代，电影公司竞相拍摄粗制滥造的武侠神怪片，严重败坏了观众的口味，特别是很多知识分子，甚至以看国产电影为耻。好莱坞影片占据了大部分市场。

正是出于对国产电影的危机感，1930 年创立的联华公司从一开始就确定了复兴国产电影的路线。为此，创始人罗明佑没有选择单打独斗，而是集合了明星公司、影戏公司等多家同样渴望对电影艺术进行探索的公司，齐心合力从一众"市民电影"中突围。同时，联华将众多优秀影人招至麾下，除了三大导演孙瑜、蔡楚生和史东山之外，费穆的导演生涯也是从联华起步，编剧田汉、夏衍等人的加盟更使其如虎添翼，构成了当时无出其右的黄金阵容。这些具有新文化思想的电影人，带来了与之前的国产电影截然不同的审美趣味和思路，奠定了国产电影复兴的创作基础。

因为贴近时代、贴近生活，这些影片在当时迅速吸引了一大批青年观众，有效扩大了国产影片的观众群体，也拓展了国产电影的生存空间。市场开始认识到，中国电影除了市民路线之外，也有另外一种可能，就是创作具有探索精神和社会责任感的艺术电影。许多影片公司开始改变自己的制片方针，国产电影面貌焕然一新。1933 年甚至被称为"中国电影年"。

打卡指南

踏上"星光大道",看"水银灯下的南京路"

红毯上的明星历来是人们关注的焦点。从博物馆四楼入口处走进展厅,你将踏上一条星光大道,闪光灯和欢呼声此起彼伏,让你体验红毯明星的荣耀。

作为上海最负盛名的商业街区,南京路及周边的主要街道、弄堂曾被无数镜头聚焦,成为早期经典电影中的标志性场景。博物馆四楼"水银灯下的南京路"

星光大道

展区除了展示《马路天使》等经典影片的拍摄场景，还再现了包括沪江照相馆、新新百货公司橱窗、飞达咖啡馆等著名商家在内的一组昔日上海街景。在这里，参观者可以穿越时光，近距离体验上海电影经常表现的繁华与风韵。屏幕上还设有互动装置，向着与影片关联的模块挥挥手，可以参与电影知识答题。

银龄贴士

（1）馆方贴心地为老年人设计了专属参观路线："光影之戏 - 电梯直达 4F"——"大师风采 - 百年发行放映"——"影海溯源 - 梦幻工厂"——"1号录音棚 -1号摄影棚"——"荣誉殿堂"。

（2）馆内设有多功能体验休闲区"片场星吧"，展项内容包括明星墙、笑脸墙、影人签名钢琴、获奥斯卡技术奖的闪电照明灯等。参观者既可在此品尝咖啡、稍作休息，又可欣赏一侧墙面上昔日影星的风采，感受电影拍摄现场紧张忙碌的工作气氛。

城市微旅

线路主题：海上光影寻访之旅

线路概述：

上海电影是中国电影的根脉，上海电影史是半部百年中国电影史，"海上光影寻访之旅"串起的这些场馆是无数上海影人曾经生活、居住、战斗和工作的地方。在这里，上海电影人铸就了中国的电影魂，开拓了中国电影的前进道路，也奠定了上海电影在中国电影历史上的地位。

线路推荐：

第一站：衡山电影院

上海市徐汇区衡山路838号

第二站：百代小楼（《义勇军进行曲》灌制地）

上海市徐汇区衡山路811号

第三站：上海电影博物馆

上海市徐汇区漕溪北路595号

上海公安博物馆

8

"人民公安为人民,我们的名字在警徽中闪光;人民公安向前进,我们的光荣在国旗上飞扬……"当《中国人民警察警歌》响起,相信每个人都会肃然起敬。岁月静好背后,是人民警察在负重前行。

在上海徐汇区瑞金南路上,国内首座警察专题博物馆——上海公安博物馆面向公众开放,在这里,你可以探寻上海公安发展的光荣历史。

场馆简介

上海公安博物馆是国内首家以警察历史、警察文化为收藏和展陈题材的国家二级博物馆,于 1999 年 9 月正式建成对外开放。博物馆设序馆、公安史馆、英雄烈士馆、刑事侦查馆、治安管理馆、交通管理馆、监所管理馆、消防管理馆、警用装备馆、警务交流馆等 11 个展厅，收藏了从晚清至今警察题材的中外展品 2 万余件，其中，国家一级文物 49 件（套）。博物馆记录了自 1854 年上海建立警察机构一百多年来的历史沿革，重点展示了 1949 年 6 月 2 日上海市人民政府公安局建立后，上海公安秉持"人民公安为人民"的理念，在打击刑事犯罪、保障经济建设、维护社会稳定等方面的突出业绩。

场馆地址：上海市徐汇区瑞金南路 518 号
开放时间：9:00-16:30（16:00 停止入馆），
　　　　　周一闭馆（国定节假日开放通
　　　　　知请关注微信公众号"上海公
　　　　　安博物馆"）
参观门票：免费
交通路线：地铁 4 号线鲁班路站、12 号线大木桥路站；
　　　　　公交 41 路、205 路等
咨询电话：021-22025185、021-62720256

展品亮点

儿歌《一分钱》手稿

展品标签:《一分钱》的手稿是国家一级文物。博物馆正在建造时，筹备组的工作人员想到了这首脍炙人口的儿歌。在上海文联和上海音乐家协会的帮助下，1998年，《一分钱》的作者潘振声亲自来到上海，将手稿赠给上海公安博物馆。

展品故事

在上海公安博物馆三楼的一个展柜里，醒目地陈列着一位名叫潘振声的老人的照片，照片的下方是他创作的儿歌《一分钱》的手稿——略微发黄的白纸上用蓝色圆珠笔写着简谱和歌词。2001 年，这份手稿已被国家文物局评定为现代一级文物。

"我在马路边捡到一分钱，把它交到人民警察手里边，叔叔拿着钱，对我把头点，我快乐地说了声叔叔再见。"几代人唱着儿歌《一分钱》长大，它滋养着少年儿童纯真的心灵。

1998 年，在上海公安博物馆筹建过程中，人们想到了这首描写警民关系的经典儿歌，提出能否找到词曲作者，向其征集这首儿歌的手稿，并在公安博物馆展示。

通过上海市文联，公安博物馆了解到，《一分钱》的词曲作者是潘振声，上海青浦人，曾在上海人民广播电台工作，20 世纪 80 年代调到江苏省文联，现担任副主席一职。

几经周折，工作人员总算联系到了潘振声，向他提出："上海公安博物馆想向您征集这首儿歌的手稿，不知潘老师是否愿意交给我们？"

潘振声听完这句话后，连一秒钟都没犹豫："上海公安筹建博物馆，我赞成，我一定支持，我一定把儿歌《一分钱》的手稿捐给你们……"

潘振声的祖籍地是上海青浦，曾在宋庆龄创办的广西桂林儿童保育院上学，后报名参加中国人民解放军，成了一名炮兵。在部队里，他的艺术天赋得以尽情地发挥，成了深受欢迎的"一专三会八能"的文艺工作者。1955 年初，潘振声复员回到上海，被分配到徐汇区漕溪路小学当音乐老师兼少先队辅导员，从此走上了儿歌音乐创作的道路。

《一分钱》的创作，还得从 1965 年中央人民广播电台"小喇叭"节目组的编辑约稿说起。编辑想请潘振声创作一首表扬"好孩子"的儿歌，但"好孩子"的题目太笼统、概念又太大，这让潘振声一时有些不知从何下手。

潘振声想起自己在漕溪路小学任少先队大队辅导员的情景，他的办公桌上有一个放大头针的盒子，里面就专门放着孩子们从马路上和校园里捡到的一分、两分硬币。孩子们拾金不昧的行为常常拨动着他的心弦。

潘振声还想起当年他们学校的学生上下学都要过一条宽宽的漕溪路。不管是刮风下雨还是酷暑严寒，总有交通民警护送着孩子们安全地通过马路。懂事的孩子们过了马路后，便会回过头来挥挥小手，亲热地叫一声："叔叔，再见！"有一天，他目睹一位小朋友将马路边捡到的一分钱交给了警察叔叔，那位叔叔微笑地摸了摸他的小脑袋，亲切地说："真是个好孩子！"

这一幕幕真实感人的场景无比清晰地再现在他眼前，潘振声心想，这不就是创作"好孩子"的直接素材吗？那晚，他夜不能寐，望着皎洁的月亮，想起家乡的沪剧紫竹调的旋律。蓦然间，他跳起身，拧亮台灯，经典儿歌《一分钱》就这样诞生了。

1965 年 3 月 9 日，《一分钱》在中央人民广播电台"小喇叭"节目首次播放。随后，这首歌曲便如春雨般迅速洒遍大江南北。

潘振声一生为少年儿童创作了 2 000 多首儿歌，孩子们亲切地称他为"一分钱爷爷"。潘老虽然无儿无女，但孩子们纯真的歌声在告慰这位老人的在天之灵。他为孩子们写的儿歌也将永远留在人们的心里，一代一代传唱下去。

《王云五小辞典》

展品标签： 20 世纪 40 年代，中共上海地下警委书记邵健，巧妙地运用英文字母、阿拉伯数字、中文字形编成密码、代号，将 472 名中共地下党员的警号、入党年月、分布单位等具体情况隐注在这本《王云五小辞典》内。

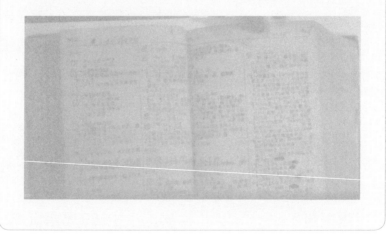

展品故事

在上海公安博物馆展出的文物中，一本小辞典看似普普通通，却十分珍贵，被认定为国家一级文物。

这本小辞典名为《王云五小辞典》，看起来已经被岁月磨得相当陈旧，角角落落还有些破损，很难想象它在中共上海警察工作委员会（以下简称"警委"）的地下斗争中曾经发挥过重要的作用。这本小辞典记录了"警委"472名地下党员的"档案"。书中布满各种天书般的符号，既有汉字，也有英文字母、阿拉伯数字，这些"密电码"式的符号唯有一人能够解读，他就是《王云五小辞典》的主人——中共上海地下警委书记邵健。

地下斗争艰苦异常，地下党长期埋伏在"敌人的心脏"进行隐蔽斗争，为了更好地保护自己，战胜敌人，迫切需要严密的组织、严格的纪律和出色的保密意识。在白色恐怖之下，地下党采取单线领导的方式，既不能建立党员的个人档案，更不允许编写党员花名册。作为"警委"书记的邵健要对472名党员的姓名、年龄、隐蔽地点等基本情况有所了解，相当困难。凭借着地下斗争的丰富经验，邵健决定用《王云五小辞典》作掩护，用汉字、英文字母、阿拉伯数字等，设计一套只有他能看懂的密码，将地下党员的警号、入党年月、隐蔽地点等机密信息隐注在小辞典内。这样，"密电码"就算落入敌手，也难以被破译。

邵健将《王云五小辞典》看得比自己的生命还重要，他曾多次对自己的爱人说："你要帮我保存好这本辞典，这本辞典绝不能丢。"

翻阅这本可以随时移动的袖珍"档案库"，我们可以想见邵健花费的心血之多，不得不佩服他的聪明才智。为了做好保密工作，他巧运匠心，用英文字母指代警号，不按字母表顺序排列，而是别出心裁，重新编排，如 D 代表 1、K 代表 2、S 代表 3、B 代表 4；用阿拉伯数字指代分局和有关单位，如 1 代表普陀、8 代表虹口、24 代表闸北；年、月则用汉字来指代，如甲代表一、人代表三、大代表五、羊代表九、口代表零；等等。

上海解放后，邵健立即把这些符号"译"成党员名册及基本情况表，及时将 472 名党员的组织关系转到上海市公安局党委。随后，一批优秀的地下党员被迅速选拔任命为上海市局有关处室和分局的领导干部，从而保证了当地干部队伍的纯洁，有力地配合了解放军接管上海。

打卡指南

体验情景互动射击

情景互动射击馆是上海公安博物馆的一个特色展厅，它分为靶标精度射击和情景互动射击两个部分。靶标精度射击是用电子枪模拟真实枪械的射击训练，可以锻炼参与者的目标识别、瞄准和射击能力；情景互动射击是用电子枪模拟警察在不同场景下的应急处置，可以锻炼参与者的快速反应、自我防卫和判断能力。这个展厅既是体验警察工作的平台，也是寓教于乐的生动课堂。

体验消防模拟演练

消防模拟演练馆是上海公安博物馆的另一个特色展厅，它需要参与者亲身体验，从而了解火灾初期的防范与控制，正确掌握火警处置方法和火场逃生技巧。这个展厅分为火灾预防区、火灾发生区和火灾逃生区三个部分。火灾预防区展示了常见的火灾原因和预防措施，以及如何使用灭火器材；火灾发生区模拟了不同场所的火灾现场，让参与者体验如何报警、扑救和自救；火灾逃生区模拟了浓烟中的逃生通道，让参与者体验如何用低姿势逃生，如何避免窒息和寻找出口。

体验刑事侦查

刑事侦查馆是公安博物馆人气最旺的展厅，它展示了上海公安机关打击刑事犯罪活动的手段和力度，以及刑事侦查工作的发展历程。在这个展厅里，你可以看到各种刑事侦查资料、案件照片、警务用品等展品，还可以通过多媒体互动设备体验刑事侦查的过程和方法。

银龄贴士

（1）70 岁以上老人、残障人士、现役军人、医务工作者等凭相关证件可优先入馆，建议参观时长 1 小时。

（2）关注"上海公安博物馆"微信公众号，在菜单栏的"服务资讯"栏中选择"语音导览"，可聆听各楼层及馆、厅的语音介绍。

城市微旅

线路主题：搭乘地铁 4 号线，打卡"魔都"小众博物馆

线路概述：

地铁 4 号线是上海市建成运营的第五条地铁线路，也是唯一的环形地铁线路，南起宜山路站，沿途经过徐汇区、黄浦区、浦东新区、静安区、普陀区、长宁区、杨浦区和虹口区，最终回到宜山路站。4 号线沿线有不少小众好玩的博物馆，值得打卡游览。

线路推荐：

第一站：上海昆虫博物馆

上海市枫林路 300 号（4 号线东安路站）

第二站：上海公安博物馆

上海市瑞金南路 518 号（4 号线鲁班路站）

第三站：上海铁路博物馆

上海市天目东路 200 号（4 号线宝山路站）

上海纺织博物馆

9

场馆推荐

Museum recommended

"苏河十八湾，十湾在长寿。"苏州河蜿蜒流淌，在普陀的长寿地区"绘"成了一顶王冠，在这里，纺织行业曾持续了一个多世纪的辉煌。

沧海桑田，时代变迁，如今漫步河岸，在长寿湾不远处，上海纺织博物馆静静矗立。这座建筑的前身就是大名鼎鼎的上海申新纺织第九厂，它如同一颗镶嵌在"苏河之冠"上的璀璨明珠，闪烁着耀眼的光芒，述说着海派纺织业的兴衰起伏。

上海与纺织的渊源有多深厚？在上海纺织博物馆，你可以一探究竟！

场馆简介

上海纺织博物馆位于苏州河南岸、澳门路北侧、昌化路东面、长寿路桥西北翼，原上海申新纺织第九厂旧址，户外展示面积1500平方米，室内展示面积4480平方米，是一家地域性行业博物馆。博物馆通过实物展品、史料、场景、图文展板、模型、多媒体等呈现方式，梳理上海地区纺织业发展的历史文脉，集中展示了上海纺织工人阶级在中国共产党领导下，积极参与反帝、反封建、反压迫斗争的悲壮历史，再现了上海纺织工人在社会主义建设时期的光辉业绩。气势恢宏的序厅、底蕴深厚的历程馆、时空连贯的撷英馆、互动不断的科普馆、赏心悦目的京昆戏服馆，演绎了上海纺织6000多年的产业历史和文化。

场馆地址：上海市普陀区澳门路128号
开放时间：9:30-16:00（周一及春节闭馆）
参观门票：免费
交通路线：地铁13号线江宁路站4号口
咨询电话：021-62996969

展品亮点

古织物残片——平纹流苏毛葛

展品标签： 这块葛布残片是新疆出土的西汉时期的毛葛残片，极为罕见。葛布是由葛藤的茎皮纤维加工制成的，表明早在西汉我们的祖先就已用葛纤织造出用于衣着的葛布。

展品故事

这块西汉时期的毛葛布残片由红色线缝缀完成，完整形制暂时不详。传说，葛天氏有发明、传授用葛的茎皮纤维编织生活及生产用品的技能，如搓经纺绳、编制葛履、纺织葛布等。粗葛布古称"绤"，细葛布称"绨"，我们的祖先在新石器时代就开始使用葛布缝制葛衣、葛衫、葛巾，遮羞蔽体，告别蛮荒，步入文明。

　　葛藤纤维属于韧皮纤维。在自然界植物中，除栽培棉花可取得纺织纤维外，大多数植物的茎与叶中都存在纤维，生长在植物茎秆中的纤维称为韧皮纤维，亦称麻纤维。该类纤维细胞细长而肥厚，是由植物内存的果胶黏合而成的束纤维集合体。广泛应用于纺织业的韧皮纤维有芝麻、亚麻、黄麻、大麻、红麻、多布麻等品种。

　　1973 年，从江苏吴县草鞋山新石器时代遗址出土的距今约 6 000 年的葛布残片，是目前国内考古发现最早由长线合成、织造技术相当先进的葛布。《说文解字》《本草纲目》《诗经·周南》《周礼·地官掌葛疏》《说苑》等文献也记载了与葛有关的内容，可旁证用葛纺织由来已久。

　　据《越绝书》载，春秋末期，越王勾践"使越女织葛布，献于吴王夫差"。周朝时，朝廷在中央设立"掌葛"官职，负责征收和掌管葛麻类纺织原材料，并有了"山农"之葛（织葛布）和"泽农"之葛（供食用）的区分。汉代生产的郁林布受人喜爱，以至京城"榜人皆着郁林布"。

　　唐乾封元年（公元 666 年），郁林布又称为"郁林葛"，被列为贡品，延续一千余年。唐代韩翃的《田仓曹东亭夏夜饮得春字》记载："葛衣香有露，罗幕静无尘。"宋代陆游的《夜出偏门还三山》道："水风吹葛衣，草露湿芒履。"明清至民国时期，农村家庭皆纺织葛布、土布，部分家庭有木制纺纱机、织布机，以木制织布机织布，手工缝衣服和被、帐。绸缎贵重，一般百姓穿不起，多穿土布，土布有葛布、麻布、棉布、绸布等，即以葛、麻、棉的纤维做成的粗布。清末，葛、麻纤维才逐步不再用于衣料制作。

　　至今，布朗族的服装纺织原料仍然有苎麻、葛线麻等，苎麻可以纺织成土布，用苎麻和葛线麻可缝麻袋或挂包。在云南省双江县布朗族村寨里，家家户户都有老式的压棉机、纺线机和织布机，人们依然自己种棉花、织布和做衣服，双江县邦丙乡布朗山一带的布朗族妇女就以"善织葛布"远近闻名。

黄道婆纺纱场景

展品标签： 黄道婆是宋末元初的女纺织革新家，创建了卓越的纺织技术。在黄道婆的故乡乌泥泾，至今还传颂着"黄道婆，黄道婆，教我纱，教我布，二只筒子二匹布"的歌谣。

展品故事

上海传承数千年的纺织历史，在一些女性身上，闪耀着特别的光辉。1980 年 11 月 20 日，我国发行了 J58《中国古代科学家（第三组）》邮票。黄道婆作为唯一一位入选的女性，与战国水利家李冰、东魏农学家贾思勰、明代科学家徐光启并列其中。

黄道婆，又名黄婆或黄母，松江府乌泥泾镇（今上海徐汇华泾镇）人，生于南宋末，卒于元贞初，是著名的棉纺织家、技术改革家。她出身贫苦，历经磨难，流落崖州（海南岛极南端的崖县），以道观为家，劳动、生活在黎族人中，并从黎族人那里学会了运用制棉工具和织崖州被的方法。

年过半百后，黄道婆重返故乡。当时棉花种植已经在长江流域大大普及，但纺织技术仍然很落后。她根据自己几十年丰富的纺织经验，改良了一整套赶、弹、纺、织的纺织技术和工具，如去籽搅车、弹棉椎弓、三锭脚踏纺纱车等。其中，黄道婆经反复试验，将原来用于纺麻的脚踏纺车改成三锭脚踏棉纺车，使纺纱效率提高了两三倍，操作也更省力，在松江一带很快地推广开来，极大地促进了纺织技术的发展和革新。

除了改革棉纺工具，黄道婆还把自己丝织工艺的实践经验和在崖州习得的技术相结合，向人们传授"错纱、配色、综线、累花"的织造技术。一时间，鲜艳如画的"乌泥泾被"、各类棉制品上美丽的图案风靡街市，甚至远销欧美。松江一带也成为全国的棉织业中心，享有"衣被天下"的美誉。

终生致力于传授推广先进纺织技术与工具的黄道婆，从明代起就被尊称为棉纺织始祖，各地民众自发筹集资金建立了无数"黄母祠"，以感恩黄道婆为中国手工棉纺织业带来的辉煌。

"神舟七号"宇航员翟志刚等穿过的地面训练服

展品标签：宇航服是保障航天员生命活动和工作能力的个人密闭装备。航天员能骤然适应真空环境，宇航服起到了重要作用。

展品故事

宇航服是保障航天员生命活动和工作能力的个人密闭装备，按功能可分为舱内宇航服和舱外宇航服。

舱内宇航服也称应急宇航服，宇航员一般在航天器上升、变轨、降落等易发生事故的阶段需穿上舱内宇航服，在正常飞行中则不需要穿着。如果载人航天器座舱发生泄漏，压力突然降低，舱内宇航服就会立即充压供气，并提供一定的温度保障和通信功能，这就是宇航员的"护身符"。

我国航天员使用的舱内宇航服，采用头部、躯干四肢连为一体的"软式"服装结构和开放式的通风供氧方式，由航天头盔、压力服、航天手套、航天靴、压力调节器、压力表、应急供氧与通风管路、生理测试与通信电缆等组成。

随着科技发展，舱内宇航服已从传统的以防护性、功能性、美观性为主，逐步转变为功能性、美观性相互融合，并逐渐拥有长期压力应急、服装循环模式、进食饮水、大小便收集、工效提升、美学设计提升等更多功能的综合性宇航服装。

进入 20 世纪后，上海纺织积极研制与航天相关的纺织产品，成功为 2003 年、2005 年中国发射"神舟五号"与"神舟六号"提供相关产品，获得了由中

国空间技术研究院、中国载人航天工程办公室、中国
航天科技集团颁发的荣誉证书。

打卡指南

欣赏穿越时空的纺织场景

博物馆中呈现了众多与上海纺织业有关的场景，
比如，"七宝古镇"场景以微缩景观的手法，再现了
当年上海七宝古镇因棉布贸易发达而崛起，布业兴隆、
市井繁荣的情景。肩挑车拉的贩夫、茶坊酒肆的食
客……场景中的道具惟妙惟肖，人物姿态多样，展现
了一幅栩栩如生的江南"清明上河图"。

另一处场景则还原了旧时布店的情景。自 1843
年上海开埠后，洋布成为进口商品的大宗。随着辛亥
革命的爆发和清王朝的覆灭，国人的衣着发生了很大
变化，棉布零剪业兴旺起来。当时的上海不流行穿
"现成"的衣服，人们身上的衣服往往是从布店买来
做了穿。因此，老上海人对布店有着特殊的情结。

在"南京路"场景中，你可以了解到抗战胜利后，
服装市场重现繁荣的场面。1948 年，上海有西服、时

装、童装店 993 家，其中开设在南京路上的有 54 家。

探秘 "纺织 + 科技"

除了棉麻丝毛等天然纤维外，你知道竹子、玉米、大豆、珍珠、牛奶都是纺织的原料吗？纺织之所以能在很长的一段时间内成就其 "母亲工业" "支柱产业" 的地位，离不开科技的发展、应用范围的扩展。纺织科普馆通过对 "神奇的纤维足迹" "缤纷的面料世界" "完整的工艺链" "广泛的应用空间" 的展示，引领参观者以最直观的方式了解纺织科普知识。

银龄贴士

（1）博物馆目前开放三层展厅，建议参观时间为一小时。

（2）博物馆内有一尊顾正红烈士的塑像，顾正红牺牲前在上海日商内外棉七厂做工，伟大的五卅运动就是以顾正红事件为爆发点。顾正红纪念馆与上海纺织博物馆同在澳门路上，步行不过 370 米，可安排在同一行程参观。

城市微旅

线路主题："赤色沪西"工运地标寻访之旅

线路概述：

作为中国工人运动发源地之一，普陀见证了中国民族工业的方兴未艾，见证了中国共产党领导下的工人运动风起云涌，见证了工人阶级为人民幸福而艰苦奋斗的时代精神。"赤色沪西"工运地标寻访之旅探寻坐落在苏州河两岸的红色工运地标，带你挖掘工运历史，感受曾经点燃革命火种的"工人力量"。

线路推荐：

第一站：沪西工人半日学校史料陈列馆

上海市普陀区西苏州路 1037 号

第二站：上海纺织博物馆

上海市普陀区澳门路 128 号

第三站：顾正红纪念馆

上海市普陀区澳门路 300 号

第四站：宜昌路救火会旧址

上海市普陀区宜昌路 216 号

上海邮政博物馆

10

场馆推荐
Museum recommended

一封家书，一枚邮票。

邮政传递是我们民族千百年来牵绊着无数人心的重要情感交流方式。

位于苏州河畔的上海邮政大楼，原名上海邮政总局，记录了上海邮政的前世今生。这里是中国近代邮政的发祥地之一，历经了海关邮政、大清邮政的几度沧桑。新中国诞生后，人民邮政的发展日新月异。1999年邮电分营后，独立运行的上海邮政继往开来，开辟了发展新天地。

场馆简介

上海邮政博物馆位于虹口区北苏州路250号，原名上海邮政总局。2003 年起，上海邮政自筹资金，对上海邮政大楼进行恢复性修缮，同时辟出 2 800 平方米用于上海邮政博物馆主题陈列。2006 年 1 月 1 日，上海邮政博物馆正式向社会免费开放。

上海邮政博物馆由二楼陈列主展区和一楼中庭展区组成。二楼陈列主展区面积 1 500 余平方米，入口设在曾被誉为"远东第一大厅"的邮政营业厅内，分为前厅——"朱学范"，以及"起源与发展""网络与

场馆地址：上海市虹口区北苏州路 250 号

开放时间：周三、周四、周六、周日 9:00–17:00（16:00 停止入馆）；周一、二、五闭馆（国定节假日另行公告）。周三、周四、周六参观请走上海市虹口区北苏州路 250 号入口，周日参观请走上海市虹口区天潼路 395 号入口

参观门票：免费

交通路线：地铁 10 号线、12 号线天潼路站 3 号口；公交 21 路、17 路、19 路、65 路、37 路、25 路、220 路、167 路、66 路等

咨询电话：021–63936666*1280

科技""业务与文化""邮票与集邮"四个展区。一楼中庭展区面积为 1 347 平方米，原为天井，作为汽车邮运场地。现该区域陈列着大清邮政马车、1917 年购置的第一辆邮运汽车和"行动邮车"等模型，以及大清邮政局场景和"未来邮政"环幕影厅，呈现了上海邮政服务社会的轨迹。

展品亮点

"绿衣红娘"邮票

展品标签：正常的红印花加盖邮票都是黑字加盖，而 1942 年在上海，人们却发现了一枚绿字加盖的红印花小字 2 分票，集邮界为之轰动，并为它取了一个雅号——"绿衣红娘"。

展品故事

2004 年 12 月 7 日，在香港举办的苏黎世亚洲秋季邮品拍卖会上，一枚"绿衣红娘"邮票以 345 万港元成交，创下了当时单枚华邮拍卖价格的世界纪录。

这枚邮票为何异常引人注目，引得无数人为之倾心动容？这还要从 70 多年前说起。

红印花加盖邮票发行后的数十年间，人们都认为加盖的油墨均为黑色。但在 1942 年初，集邮家陈志川从一名外国人手中购到了一枚使用绿色油墨加盖的红印花小字暂作洋银 2 分邮票，一时轰动邮坛，引起了集邮家们的关注。当时，上海集邮者中的文人雅士给这枚邮票起了一个好听的名字——"绿衣红娘"。

"绿衣红娘"是怎样产生的呢？

一种说法是当时那个私营印刷厂在承办加盖红印花 2 分邮票时，自作主张，采用绿色油墨试盖于红印花原票上，当时一共加盖了 40 枚，然后呈献海关造册处批准。因绿色油墨加盖在红色票上，不够明显，海关造册处认为不合适，遂令改用黑色油墨加盖。

另外一种说法是，加盖的油墨颜色为黑色，这在上海海关造册处委托这家私营印刷厂时已经告知了，但这家私营印刷厂拿到红印花原票后，油辊上为绿色油墨，忘记更换成黑色油墨，加盖了一张40枚后，发现颜色错误，立即纠正。这一张绿色加盖票并未混入黑色加盖票中，而是单独上交给了主管单位。这40枚"绿衣红娘"邮票本是作为档案留存，由北京白纸坊财政部印刷局保管。在二十世纪二三十年代，白纸坊财政部印刷局发生了几次失窃案，造成了"绿衣红娘"流出。

"绿衣红娘"的收藏与传承，可谓集邮界的一段传奇。陈志川购到"绿衣红娘"后，因为当时只发现了这一枚使用绿色油墨加盖的小字暂作洋银2分邮票，无法确定其身份，甚至有人怀疑是化学变色，因此陈志川就想把这枚邮票转让。集邮家宋慧泉得知此事后，毅然将其买下。

宋慧泉得到"绿衣红娘"后经过多方考证，确定其不是因油墨褪色或化学变色造成的，并加以宣传，集邮界开始逐渐承认它的真实性和珍品地位，此事令陈志川后悔不已。

自从确定了"绿衣红娘"的真实身份后，集邮家们开始对这枚邮票心驰神往。1944 年，上海的集邮家王纪泽、郭植芳、宋醉陶、邵洵美都想一睹"绿衣红娘"的风采，于是邀请宋慧泉携珍邮来上海。据宋慧泉后人撰文回忆，在接风宴上，集邮家宋醉陶以若干万寿加盖改值错变体票和商埠邮票换走了"绿衣红娘"。

邵洵美本想购买此票，但宋醉陶捷足先登，在宋慧泉的送别宴上，邵洵美向宋醉陶借此票赏玩数日。宋醉陶心想好事已成，就同意了。

数日后，邵洵美与宋醉陶协商转让，宋醉陶不肯，邵洵美又许以重金，宋醉陶仍不为所动。邵洵美爱票成痴，不惜再三恳求，并扬言强留不再归还。后经亲友调解，宋醉陶只得忍痛割爱，成人之美。

最后，邵洵美以比原交换价高出七倍的价格从宋醉陶处购得"绿衣红娘"。集邮家张包子俊在《邮话》第 33 期撰文道："红印花绿色加盖，为近年之新发现，故逐鹿者大有人在，今为文学家邵洵美君量珠聘去。是花娇产申江，惊人才貌，燕赵远游，风尘劳顿，今则名士美人，藏娇金屋，定将邮传佳话矣！"

全世界第一枚黑便士邮票

展品标签：上海邮政博物馆展出的全世界第一枚黑便士邮票和 1878 年中国发行的第一套大龙邮票均采用了凹面镜技术。用凹面镜光源照射邮票下方，便可分别显示逼真立体的"黑便士"和"大龙"邮票图像，手伸上去却摸不到，可谓看得见、摸不着的虚拟图像。

展品故事

19 世纪 30 年代的某一天，伦敦一所中学的校长罗兰·希尔正在街上散步，他看到一位邮递员把一封信交给一个姑娘。姑娘接过信，匆匆瞟了一眼，马上又把信还给了邮递员，不肯收下。希尔十分纳闷。邮递员走后，他好奇地问姑娘为何不收信，姑娘羞怯地告诉他，信是她远方的未婚夫寄来的，因为邮资昂贵，她支付不起，所以不能收。不过，她已从信封上了解了对方的情况。原来，他们约好在信封上作一种只有他俩才懂得的暗记，这样，用不着看信的内容就可以互通音讯了。希尔深感当时的邮政制度给人们带来的不便，决心进行改革。

那时，英国的邮政制度十分繁琐，除了国会议员享受免费邮寄信件的特权外，其他人寄信都是由邮递员根据路程远近，信纸页数的多少向收信人收费，邮资昂贵。一封普通国内信件的邮资高达 6 便士，最高的竟要花费 17 便士，而当时英国一个普通工人一个月的工资大约是 18 便士。因此，拒付费用、拒收来信的争执时常发生。

在进行了一系列调查、分析和计算后，罗兰·希尔提出了"降低邮资、统一收费标准、简化邮递手续"的创新思路。1837 年 1 月，他以上述观点为基础，撰写了一本名为《邮政改革：重要性及实用性》的小册子，呈递给当时的财政大臣，不料受到冷落。出于无奈，他只得将小册子修改后公开发表。他提出了三项建议：由寄信人在邮局付现金；通过对信封、信纸收费的办法统一邮资；使用"一片只够盖上邮戳即可的纸片，在其背面涂上黏液。这样，其持有者将纸片浸湿后，可将它贴在信封之上"。

这三项建议在朝野上下引起了强烈的反响。1839年8月，维多利亚女王签署法令，决定正式采纳希尔的建议，并调希尔进入财政部负责实施这一计划。1839年9月6日，有关机构向全国公开征集"标签"（当时还不叫邮票），在收到的2 600多份应征图案中，五位作者的四份作品获奖。罗兰·希尔根据这四份作品，以威廉·维恩所作的维多利亚女王肖像的纪念章作原画，用绘画颜料画了两幅邮票画稿，交给查尔斯和费雷德里克·希思父子雕刻，邮票由帕金斯·倍根公司承印，以黑色为基调，下方印有"一便士"字样，故称为"黑便士"。

原定于1840年1月1日启用的邮票因设计的延误，于1840年5月6日正式开始使用，与"黑便士"同时使用的还有"蓝便士"（面值两便士的蓝色邮票）。从此，邮票在世界上诞生了。

打卡指南

打卡上海十大建筑之一

上海邮政大楼是欧洲折衷主义建筑学的代表作，曾被列为当时上海十大建筑之一，1922 年由协澄洋行设计，辛丰记营造厂施工，1924 年 11 月竣工。大楼占地 6 400 多平方米，建筑总面积 25 294 平方米，建筑高度 51.16 米，总造价 320 万元。主楼高四层，转角处塔楼高八层，塔楼为 17 世纪的意大利巴洛克风格，格调典雅、气势雄伟，立面采用英国古典主义手法，主立面围以贯通三层的科林斯柱式列柱，体现了邮政的公正与庄严，整体具有浓郁的英国风情。

上海邮政大楼

（1）上海邮政博物馆由二楼陈列主展区和一楼中庭展区组成，建议参观时长约1小时。周末参观请特别留意，周六参观入口为北苏州路250号，周日参观入口为天潼路395号。

（2）邮政大楼二层是有着"远东第一厅"美誉的营业大厅，整座大厅地面是黑白马赛克拼花，长长的柜台沿着十字走道延伸，柜台则有着铜质麦穗形装饰的栏杆。这里的柜台如今仍在营业，承办各类邮政业务，参观的同时，不妨在这里体验"车马慢、书信远"的过往。

邮政大楼营业大厅柜台

城市微旅

线路主题：城市记忆——一江一河

线路概述：

"一江一河"是上海最美的风景和文化符号，它们见证和记录了上海发展的历史，串联起了上海的文脉，也滋养了上海强大的创造力。从苏州河畔的灯影桨声到黄浦江上的百舸竞流，沿着这条路线，徜徉城市记忆的长河，让城市记忆在你我心中延续。

线路推荐：

第一站：上海邮政博物馆

上海市虹口区北苏州路 250 号

第二站：上海城市规划展示馆

上海市黄浦区人民大道 100 号

第三站：苏州河工业文明展示馆

上海市普陀区光复西路 2690 号

上海中医药博物馆

11

场馆推荐

{ *Museum recommended* }

　　生命之树常青，中医药学与中华民族同行。中医药是中华文明、古代科技的瑰宝，是打开中华文明宝库的一把钥匙，凝聚着中国人民和中华民族的博大智慧。

　　走进上海中医药博物馆，您将欣赏到琳琅满目的中医药文化精品，感悟源远流长的中医药文明，领略历久弥新的中医药文化风采。

场馆简介

　　上海中医药博物馆创立于 2003 年，前身是中华医学会医史博物馆，有近 80 年的历史。博物馆建筑面积 6 314 平方米，展览面积 4 000 余平方米，馆外有近万平方米的"百草园"。博物馆基本陈列展示、收藏、研究与中医药历史、文化相关的实物史料，分为原始医疗活动、古代医卫遗存、历代医事管理、历代医学荟萃、养生文化撷英、近代海上中医、本草方剂鉴赏、当代岐黄新貌八个专题，反映中华医学在各

场馆地址：上海市浦东新区蔡伦路 1200 号

开放时间：9:00—16:00（15:30 停止入馆），
　　　　　周一闭馆（国定节假日除外）
　　　　　观众进入学校、博物馆时均需
　　　　　出示预约码

参观门票：成人票 15 元 / 人（可免费携带
　　　　　一名 1.3 米以下未成年人）；团体票（10 人及
　　　　　以上）12 元 / 人；教师、学生（凭有效证件）
　　　　　7 元 / 人。免票人群（凭有效证件）：①60 岁
　　　　　及以上老年人；②军人（包括现役和退役）及
　　　　　家属、烈士遗属、因公牺牲军人遗属、病故军
　　　　　人遗属；③国家综合性消防救援人员；④离休
　　　　　人员；⑤残疾人；⑥上海市中小学生（凭电子
　　　　　学生证）；⑦1.3 米以下未成年人（须由成人
　　　　　陪同）；⑧公安民警

交通路线：地铁 2 号线金科路站 3 号口；公交浦东 14 路
　　　　　蔡伦路华佗路站

咨询电话：021-51322710

个历史时期取得的主要成就，是博大精深的中医药知识宝库的一个缩影。

展品亮点

针灸铜人

展品标签： 乾隆九年御制针灸铜人，是乾隆皇帝为奖励《医宗金鉴》的誊录官福海，于 1744 年下令特制的针灸铜人。铜人实心，面容慈祥，体表刻有 580 个穴位。

展品故事

上海中医药博物馆"镇馆之宝"摆放在二楼展厅，是 1744 年铸造的针灸铜人。据文字记载，乾隆皇帝为了嘉奖编纂综合医学丛书《医宗金鉴》的人员，定制了一批针灸铜人，如今国内仅存此一件带锦盒的完整器。这具针灸铜人是传世针灸铜人之中难得一见的老妇人的体态，高约 46 厘米，面容慈祥，体表刻有 580 个穴位。锦盒上印有皇帝玉玺，题跋上用汉、满文注明了铜人颁发给《医宗金鉴》的誊写官福海。

抗日战争时期，福海家道中落，其九世孙将此针灸铜人卖给了北平的古玩店。上海中医药博物馆首任馆长，医史学家王吉民征集文物时在古玩店发现了这件铜人，但是无力购买，后求助于当时上海的名中医丁济民。

丁济民是民国江南医界宗师丁甘仁之孙，丁济民听闻此事，即刻前往北平，到了那家出售针灸铜人的古玩店，发现铜人未售出，马上掏钱买下，并在兵荒马乱的抗战时期，花费几乎与购买此铜人同等的价钱把铜人运到上海，然后再捐赠给王吉民的中华医学会医史博物馆。这件展品背后可谓凝聚了老一辈中医人的情怀与心血。

中国最早的针灸铜人出现于北宋天圣年间，称天圣铜人，是医官王惟一奉宋仁宗旨意铸造的教学考试用具，后王惟一另铸一具铜人陈列在大相国寺供参观。

天圣铜人中空等人高，体表有孔穴，刻有穴位名称，考试时体表封蜡，体内注水或汞，考生针刺穴位，若针进水（汞）出，则通过考试。因其准确实用，历朝历代一直在太医院沿用翻造，至明朝正统年间，天圣铜人已不可用，于是按照原物翻铸一具，史称正统铜人。传至清代，八国联军侵略时，正统铜人被俄军掳走，现收藏于俄罗斯圣彼得堡冬宫。

由于向俄国人索回铜人不成，在光绪年间，太医院的御医按照铜人图重铸铜人，史称光绪铜人，现收藏于国家博物馆。

至今我们使用的智能针灸人，仍有古代针灸铜人的影子。针灸铜人不仅是古人智慧的结晶，还承载着厚重的历史。2016 年，世界卫生组织总干事陈冯富珍参观上海中医药博物馆时，对针灸铜人印象深刻。后来，习近平主席赠送给世界卫生组织的礼品，就是一具针灸铜人。

明代铜炼丹炉

展品标签： 炉高 32 厘米，口径 11.3 厘米。炉盖顶部有一大圆孔，盛坩埚用。四周为排列整齐的 16 个半月圆孔。盖边饰云纹，中有二龙戏珠。炉体沿口饰云纹，下有孔丁纹，两侧置铺首街环。腹部麒麟张口为火门。炉脚为三兽足。

展品故事

中国炼丹术始于秦汉，是制药化学的前身。当时，一些"方士"为了迎合统治者追求"长生不死"的需要，研究炼制"长生不死"的"仙丹"。

魏晋南北朝时期，炼丹术达到鼎盛。炼丹家发现了一些化学现象，并在炼丹过程中制备了一些化合物，为古代化学的发展做出了贡献。

汉代，道家人物魏伯阳所著《周易参同契》一书，有不少关于炼丹术的记载，其中谈到了"氧铅被碳还原为金属铅"的化学反应。

晋代葛洪，即抱朴子，是炼丹家中的一位代表人物。他在《抱朴子·内篇》里记载了许多炼丹方法，如"丹砂烧之成水银，积变又还成丹砂"；就是说，硫化汞受热后，分解出水银，而水银和硫黄加热后又变成硫化汞。

由于"仙丹"的主要成分是汞和汞化合物，所以吃了"仙丹"的人，都发生了不同程度的汞中毒。因此宋代以后，奢望"服丹成仙"的人日渐减少。

李时珍在《本草纲目·水银》中说："《本经》言其久服神仙……《抱朴子》以为长生之药。六朝以下贪生者服食，致成废笃而丧厥躯，不知若干人矣。方士固不足道，本草其可妄言哉。"

炼丹术促进了中国火药的发明，推进了中医在外科医疗中认识、研制和使用矿物药。炼丹术起源于中国，于唐代传至阿拉伯，衍生为炼金术，后经阿拉伯传至欧洲，成为欧洲近代化学产生和发展的基础。英国近代生物化学家和科学技术史专家李约瑟曾将炼丹术列入中国古代重大发明创造之一。

打卡指南

现代科技赋能中医体验

在博物馆，观众可以体验现代科技为传统中医药注入的新生："太医署"多媒体场景，演绎了我国唐朝由国家设立的医学院校教学医疗情况，观众在观看的同时还可以"进入"场景当一回学生，拍张"大头贴"；"针灸铜人"互动场景，能让观众"穿越"时光，模拟古人针灸教学和考试，或是在针灸智能人身上过把"中医"瘾；脉象仪能让观众感受平时中医常说的"滑脉、悬脉、洪脉"，而四诊仪，通过多媒体的"望闻问切"能告诉观众体质状况，指导其选择健康的生活方式。

参加丰富多彩的主题活动

博物馆根据不同季节和人群设计了丰富的主题活

动。"闻香识药"是博物馆的传统项目，观众不仅可在"百草园"认识常用药物的"真面目"，还能将药用植物盆栽带回家。端午前后的香囊，可按预防感冒、提神醒脑、防虫叮咬等不同功能量身定做，方便人们各取所需。夏日做"六一散（痱子粉）"，冬季做"护手霜"；做艾条，尝"五味"；到百草园"寻宝"，制作蜡叶标本……观众可以在各种各样的活动中走近"灵丹妙药"，当一回现代"李时珍"。

银龄贴士

（1）上海中医药博物馆非常适合老年朋友参观。观众除了加深对中医药传统文化的了解，领略中医药历史发展的主要成就，还可以运用博物馆三楼展厅的"云中医"设施了解自己的体质，并获得简单的健康提示。此外，"本草方剂鉴赏"展区的各种名贵药材和道地药材，往往会让老年朋友流连忘返。

（2）博物馆讲解主要针对团队观众，目前馆内已推出自动导航定位的导览机器人——"壶宝"。它能循行规划好的参观路径，为观众导览讲解，带观众了解重点展品背后的精彩故事。

城市微旅

线路主题：沪上高校博物馆之旅

线路概述：

在上海这座国际化大都市，除了有很多大家耳熟能详的知名博物馆外，还有很多藏在大学里的宝藏博物馆。这些博物馆既有历史的厚重感，也有青春的蓬勃朝气，值得好好探访一番。

线路推荐：

第一站：复旦大学博物馆

上海市杨浦区邯郸路 220 号

第二站：同济大学博物馆

上海市杨浦区四平路 1239 号

第三站：上海中医药博物馆

上海市浦东新区蔡伦路 1200 号

第三部分

申城文脉

"60岁开始读"科普教育丛书

上海市历史博物馆
（上海革命历史博物馆）

12

场馆推荐

{ *Museum recommended* }

说起上海，你会想到什么？

是走在时尚前端的潮流人士？

是萦绕着"夜来香"歌声的十里洋场？

是黄浦江边灯火璀璨的万国建筑群？

七千多年沧海桑田孕育出这颗"海上东方明珠"，历史源头讲述着上海的通达浩荡与江海风情，城市中心诉说着上海的海纳百川与敢为天下先。

认识上海，认识自己生活的城市，就从上海市历史博物馆开始。

场馆简介

上海市历史博物馆是综合反映上海地方历史的地志性博物馆。上海地志类博物馆筹建工作始于20世纪50年代的上海历史与建设博物馆。1983年建成"上海历史文物陈列馆"，1991年7月改为"上海市历史博物馆"。其展品总数约11万件，分15大类：书画、金属、陶瓷、工艺、证章、文献、印刷、纺织品、石刻、钱币、照片、剪纸、邮票、唱片和其他杂项等。其中：1841年江南提督陈化成督造的"振远将军"铜炮、1880年吴猷豫园宴乐图轴、1895年英商道白生公司制清花机、清末点石斋画报原稿、1911年民国总统候选人提名及当选人斗方、1923年上海汇丰银行铜

场馆地址：上海市黄浦区南京西路325号
开放时间：9:00-17:00（16:00停止入馆），
　　　　　周一闭馆（国定节假日除外）
参观门票：免费
交通路线：地铁1号线、2号线、8号线人
　　　　　民广场站11号口；公交20路、
　　　　　23路、37路、49路、109路、805路
咨询电话：021-23299999

狮、民国百子大礼轿、民国柳亚子主编的《上海通志稿》稿本、老上海地图等，都是重要的馆藏文物。

展品亮点

"振远将军"铜炮

展品标签："振远将军"铜炮于 1984 年在吴淞西炮台遗址附近出土，是鸦片战争期间吴淞战役的重要历史见证，也是研究鸦片战争时期中国军备设施的重要物证。

展品故事

这门"振远将军"铜炮，全长 3.12 米，炮口外直径 0.33 米，内直径 0.14 米，炮尾直径 0.45 米，直径最大处为 0.65 米，重约 3 000 千克，炮身腰部附两炮耳，有数道凸箍。大炮除少数地方有刮痕外，基本保存完整。炮身正面铸有楷书文字，最前端楷书竖写"振远将军"，其下一节楷书竖写："大清道光二十一年岁次辛丑年四月□日，兼护两江总督署江苏巡抚部院程矞采督造提督江南全省军门陈化成督造。"再下一节文字为："苏松太兵备道王玥督同 漕右营游击王永祥、徐州知府颜以澳 常熟县知县常□恩 监造。匠头许鉴堂 梅在田 沈恒宗 承造。"

古炮在中国并不罕见，在甘肃省武威出土的一尊西夏铜炮，是迄今发现的世界上最早的铜炮。中国国家博物馆、故宫博物院、黑龙江省博物馆、首都博物馆等都藏有中国古代大炮，甚至巴黎的法国军事博物馆也收藏中国古炮。在已经发现的中国古炮中，清代制造的大炮居多。上海市历史博物馆藏"振远将军"铜炮，故宫博物院藏"神捷将军"炮、"道光壬寅年"铜炮，松江博物馆藏"靖夷将军"大炮，上海博物馆藏"平夷靖寇将军"大炮，首都博物馆藏"龚振麟监造"火炮等。这些清代古炮都是清道光二十年至道光二十二年间制作的，这一时期制造大炮不是偶然现象，因为清道光二十年至二十二年是 1840 年至 1842 年间，正好是第一次鸦片战争时期，第一次鸦片战争时期是中国近代史上海防建设的一个起点。在这一阶段，中国海防要地兴起了鼓铸和安设大炮的热潮。上海市历史博物馆藏"振远将军"铜炮正是在鸦片战争开始，各战略要地纷纷制造和装备大炮的时代背景下诞生的。

鸦片战争时期，吴淞不仅是上海咽喉，也是江苏省的门户，江南战略要地，历来为兵家必争之地。清政府几任总督、巡抚以及江南提督陈化成一直把江苏省的防御集中在吴淞口。他们在征调江南兵力和枪炮的同时，还在上海炮局加紧制造火炮和弹药运往吴淞。据记载，陈化成等在上海炮局制造大炮 3 000 余尊，并随时拨交吴淞等海口装备。

从 1840 年到 1842 年，吴淞口塘岸炮位林立，土墙、土牛星罗棋布。"振远将军"铜炮同其他安装在吴淞口的 200 多个大小炮位一起，见证了 1842 年 6 月吴淞战役中抗英名将陈化成将军率领将士奋勇杀敌的壮烈场景。

　　1984 年 11 月，"振远将军"铜炮在宝山吴淞西炮台遗址被上海市文管会考古队发掘出土，为研究鸦片战争时期上海军民反抗英国侵略者斗争历史和上海地区地方军政历史提供了重要的实证。作为鸦片战争时期所存不多的兵器实物，"振远将军"铜炮对研究鸦片战争时期中国兵器工艺发展水平，也具有一定的参考价值。

近代上海美租界界碑

展品标签：上海开埠后，美国传教士在租界外虹口地区广置地皮，扩展势力。1863 年，英、美租界合并为公共租界。1893 年 6 月，中外划定美租界新界址，公共租界面积再次扩张，这块美租界界碑即为当时耻辱的见证。

展品故事

第一次鸦片战争后，清政府与英国签订了《南京条约》。这个条约规定清朝要五口通商，上海也是规定开放的五个通商口岸之一。1843 年 11 月 17 日，上海正式开埠。

1845 年 11 月 29 日，英国驻上海领事巴富尔与上海道台宫慕久谈判，双方签订了《上海土地章程》，也称《上海租地章程》。根据这个章程，划定东面到黄浦江，南面到洋泾浜，北面到李家场，也就是今天的延安东路到北京东路之地，次年又议定西到现在的河南中路为界，面积共 830 亩，作为英国人的居住地，这就形成了英租界。每亩地年租金为 1 500 文铜钱。当时规定，英国人可以在租界里建立自己的居民点，在那里租地建房，办产业，将其作为一个通商口岸。

1846 年，英国人组建道路码头委员会，作为租界的市政组织、管理机构。到 1848 年 11 月，英租界面积已经扩大到 2 820 亩。

美租界是 1848 年设立的，起初并没有正式划定地方。到了 1863 年 6 月，美国驻上海的领事和上海道台划定了它的界址。因为当时美租界划的地方很大，但里边没什么工厂、码头，空地很多，而英租界里面人口多，土地也贵。所以同年9月，英美双方商量把两个租界合并了，称为洋泾浜北首外人租界或英美公共租界。1893年6月，上海道台与工部局划定美租界新界址并竖立界石，这块界碑可能就是当时遗物。

除了英、美，法国人也虎视眈眈。1849年4月，法国驻上海领事就用跟英国人同样的方式，获准设立了法租界。法租界最初面积是986亩，后来经过多次扩展，到1914年，法租界面积达到了15 150亩。

租界里原本是不准华人租房、租地的，由于小刀会起义爆发，在太平天国战争期间，有大批华人迁入租界，其中不少是富人，有资产，租界当局很乐意留下这批华人。1854年，英、美、法三国领事修订《上海土地章程》，在租地人大会上通过了《上海英法美租界租地章程》，确定租界范围为原来的三倍，华人租地可直接呈报各国领事并转上海道台查核，默许华人租地。从此，华人可以合法地在租界里面租地、建房、居住。于是就有了之后第三次修订《上海土地章程》，在工部局里增设华人董事席位，简称"华董"。

由此可见，上海开埠以后，只有过英租界、法租界、美租界、公共租界这四个租界。现在有些影视剧或是书籍中提到所谓"日租界"是错误的，日本从来没有在上海正式设立过租界。而造成这种误解的原因是当年在上海的日本人大多数聚集在虹口，加上一些日本人横行霸道，租界当局奈何不得，这就给人造成一种错觉，认为虹口一带是日本人的租界。其实除了英、美、法三国，其他国家在上海并没有租界。

1941 年，太平洋战争爆发，日本军队占领并接管了公共租界。1943 年，中国与美、英两国签订了新的条约，美、英放弃在华的治外法权，将租界交还给中国。向德国投降的法国维希政府也宣布把法租界交还给中国。所以，租界实际上到 1943 年就不复存在了。

打卡指南

打卡跑马厅大楼

博物馆所在的这幢大楼，体现了英国古典主义建筑风格，曾是旧上海十里洋场"跑马厅"的重要部分——跑马总会大楼。"上海跑马总会"是 19 世纪中期英国人成立的赛马俱乐部，现存的总会大楼建于 1933 年，主楼共四层，还设有一座高 53 米的钟楼。新中国成立后，大楼曾是上海博物馆、上海图书馆和上海美术馆的所在地。上海市历史博物馆于 2015 年将"跑马厅大楼"定为新馆址，并开始对大楼进行修缮改建，2018 年 3 月 26 日正式对外开放。

秒回从前的"声音博物馆"

你知道 20 世纪三四十年代回荡在上海街边的叫卖声是怎样的吗？

你知道当时最火爆的《夜上海》《天涯歌女》是怎样唱的吗？

你看过新中国成立后，"江南造船厂成功制造'东风号'远洋货船"的新闻播报吗？

你知道上海开设股票交易市场时的热闹场景吗？

你还记得 2010 年上海世博会召开的盛况吗？

在博物馆二楼的"声音博物馆"，拿起布景板下面的电话听筒，放到耳边，轻按旁边的按钮，就会让你穿越时空、身临其境，感受声音回响带给你的兴奋、鼓舞和感动。

银龄贴士

（1）一楼可以免费领取《参观指南》导览资料，上面不仅标明了场馆位置、交通信息、开放时间，还有对整个场馆的详细介绍。博物馆每天提供多场定时讲解，具体时间可在东楼一楼服务台查询。

（2）博物馆五楼为屋顶花园和餐厅，即便不在餐厅就餐，也可以在屋顶花园参观拍照，强烈推荐这一处特别的户外景观。

城市微旅

线路主题：百年上海

线路概述：

19 世纪末 20 世纪初，上海作为中国工商业的中心，产业工人集中、文化多元交融、交通便利通达，为新型知识分子开展活动提供了有利条件。五四运动爆发，掌握新文化的知识分子与工人阶级两种力量得以汇合，革命火种在沉沉黑夜的中国大地上点燃。本路线将带你走进那段烽火岁月，寻访这座孕育革命火种的城市。

线路推荐：

第一站：外滩信号塔

上海市黄浦区中山东二路 1 号甲

第二站：外滩

上海市中山东一路

第三站：上海市历史博物馆（上海革命历史博物馆）

上海市黄浦区南京西路 325 号

上海市档案馆

13

场馆推荐

Museum recommended

从 20 世纪 30 年代石库门弄堂里的"秘密档案库",到 1959 年上海市档案馆正式成立,从外滩到浦东热土,这座"城市记忆空间"再次"升级",来这里逛一逛,你会感觉到,那些沉睡的档案是如此鲜活和立体。

场馆简介

上海市档案馆的公共服务区域设在空间位置最好的南楼,总面积达 1 万平方米,由活动大厅、珍档展示厅、专题展览厅、档案查阅服务中心、报告厅、学生课堂等组成,为市民提供查阅档案、观看展览、读档学史、聆听讲座、文化社交等多样化的档案文化体验。

"城市记忆 时光珍藏——上海市档案馆藏珍档陈列"是该馆常设展，该展览从市档案馆馆藏档案和近年来征集的档案史料中，精选出近千件珍贵文献、影像资料和实物，以档案陈列、实景还原、多媒体声像等多种手段全景式呈现上海这座城市的发展变迁。展陈面积约1000平方米，分为开埠通商、建党伟业、抗日救亡、解放新生、革故鼎新、改革开放、新时代新征程七个板块，以及一个上海文化展示空间。展览再现了1843年以来上海城市变迁的大事件，彰显了上海作为党的诞生地、初心始发地的鲜明城市底色。

场馆地址：上海市浦东新区前程路811号
开放时间：周一至周六9:00-17:00（16:30停止入场），周日及国定节假日闭馆
参观门票：免费
交通路线：地铁2号线、7号线、16号线、18号线龙阳路站，磁悬浮线龙阳路站
咨询电话：021-38429688

展品亮点

陈独秀的"刑事记录卡"

展品标签：陈独秀一生被捕四次，其中三次是在上海。这份上海租界巡捕房的指纹卡，记录了他 1932 年 10 月被公共租界巡捕房逮捕，以及 1921 年 10 月、1922 年 8 月被法租界巡捕房逮捕的情况。

展品故事

在上海市档案馆收藏的旧上海法租界原始档案中，有一张中共创始人之一陈独秀的"刑事记录卡"。"刑事记录卡"正面上半部分系表格，填写姓名、年龄、身高、职业、籍贯等，并贴有陈独秀在狱中拍摄的照片，编号为 B9523。下半部分写明其被捕原因和处置结果。背面则为陈独秀指纹印数枚。从某种意义上说，这是一份史料与文物价值兼具的珍档，它反映了陈独秀在上海三次被捕的经历。

陈独秀一生四次被捕。第一次是在1919年五四运动后，在北京被北洋政府逮捕。后来三次，均在上海，他视死如归，充满了悲壮的英雄主义气概，令人感慨和敬佩。

据"刑事记录卡"所载，1921年10月4日，陈独秀第一次在上海被法租界当局逮捕，案由是违反了1919年6月20日颁布的领事署令第5号，处置结果是罚款100块大洋后获释。

时隔不到一年，1922年8月9日，陈独秀第二次被上海法租界当局逮捕。据"刑事记录卡"称，逮捕陈独秀的理由是他"宣传布尔什维克，违反中华民国刑法第221条，以及领事署令第5号"。陈独秀称他被捕的直接原因是敌人的造谣中伤，"说我们得了俄罗斯的巨款"，于是听信谣言的"华探杨某向我的朋友董、白二君示意敲竹杠，穷人无钱被敲，我当时只得挺身就捕"。后法租界公审官判决罚款400块大洋，交保释放。

　　陈独秀的第三次被捕，是在 1932 年 10 月 15 日。当时，陈独秀因反对国民党，被国民党中统特务"协同租界捕房侦查月余"。国民党最终在上海虹口破获了陈独秀所办组织，逮捕了秘书谢少珊等人，谢少珊供出了陈独秀的住址，陈独秀因而被捕。10 月 17 日，租界当局以"危害民国"的罪名，将陈独秀等人"递解给公安局"，交由国民党中统特务监押，随后被送往南京受审，被判处有期徒刑八年。以上就是陈独秀在上海三次被捕的大致经过，均在这张"刑事记录卡"上有所记载。

《共产党宣言》中文首译本

展品标签：《共产党宣言》中文首译本封面印有水红色马克思半身像和"陈望道译"的字样。2003 年 10 月被列入第二批中国档案文献遗产名录。

展品故事

《共产党宣言》最初是用德文出版的，在中国一直没有全译本。为什么陈望道能翻译《共产党宣言》？陈望道的儿子陈振新回忆，"要完成这本小册子的翻译，起码得具备三个条件：一是对马克思主义有深入的了解；二是至少得精通德、英、日三门外语中的一门；三是有较高的语言文学素养。陈望道在日本留学期间就接受了马克思主义学说，日语、汉语的功底又很深厚，所以邵力子（时任《民国日报》社经理）推荐他来完成这一翻译工作"。

1920年早春，29岁的陈望道回到老家浙江省义乌县城西分水塘村，扎进自家的一间柴屋里潜心翻译《共产党宣言》。这间屋子年久失修、破旧不堪，半间堆满了柴火，墙壁上积着厚厚的灰尘。陈望道端来两条长板凳，上面横放一块铺板当书桌，一盏昏黄的油灯摆在边上。南方山区初春的天气还十分寒冷，寒风透过四面破漏的墙袭来，冻得陈望道时常手脚麻木。尽管条件特别艰苦，陈望道翻译《共产党宣言》却丝毫不受影响，他专心致志地工作，以致把本该蘸红糖水的粽子蘸了墨汁吃下去都浑然不觉，成就了一段"真理的味道非常甜"的佳话。

陈望道在翻译《共产党宣言》的过程中，还存在参考资料匮乏的情况。陈望道依据一份日文底稿和由李大钊从北京大学图书馆借到的一本英文版《共产党宣言》，借助《日汉辞典》和《英汉辞典》，字斟句酌、反复推敲，比平时译书多下了几倍的功夫，直到4月下旬才完成译稿。到上海后，陈望道请李汉俊和陈独秀进行校阅。恰在此时，反动当局查封了发行量达10多万份的《星期评论》，发表中文版《共产党宣言》一事落空了。直到当年8月，《共产党宣言》被上海社会主义研究社列为"社会主义研究小丛书第一种"，得以由"又新印刷厂"首次以中文形式印刷出版1000册，一经发行便立即销售一空，次月加印的1000册也迅速售罄。

《共产党宣言》中文全译本的出版，如同一场及时雨，使中国许多先进分子豁然开朗，受到极大的思想启迪和精神鼓舞。它的传播为引导大批有志之士学习了解马克思主义、树立共产主义理想、投身民族解放事业发挥了重要作用。

陈毅丹阳讲话记录

展品标签： 1949 年 5 月初，从各地抽调的 5 000 余名干部汇聚丹阳进行整训，集中学习接管上海的政策和纪律。5 月 10 日，陈毅就入城纪律问题发表了著名的丹阳讲话，此为讲话记录。

展品故事

1949 年 4 月 21 日渡江战役打响后，中国人民解放军以摧枯拉朽之势击溃了国民党守军并迅速解放了南京，兵锋直指上海。

然而，在仅仅几天之后的 4 月 24 日，这支进军神速的部队却在距离上海 200 多千米的江苏小城丹阳停了下来。这一停就将近一个月，来自地方和军队的

5 000 多名干部云集于此，接受关于开展城市工作的各方面知识和技能训练。

"解放上海不只是一场军事斗争，而且是一场政治斗争。"为做好解放和接管上海的准备，渡江战役之前，第三野战军制定颁发了《入城三大公约十项守则》。

1949 年 5 月 10 日，在丹阳城南大王庙，陈毅同志向接管干部作了"关于入城纪律的讲话"。陈毅同志强调说："入城纪律是执行入城政策的前奏，是解放军给上海人民的见面礼。"

在《上海战役亲历记》中，迟浩田曾这样回忆："我们七连和其他连队一样，集中三天时间，认真学习《约法八章》《三大公约》《十项守则》和有关外交等政策的布告。我一条一条地给大家讲解，为了牢记在心，上级还要求让大家都能背下来。光背熟了还不行，更重要的是要保证能做到。"不拿群众一针一线、不住民房店铺，就是其中一条。日后为人们熟知的一幕——风尘仆仆的解放军战士整齐地睡在马路上，就是在遵守"丹阳集训"的纪律。

打卡指南

体验档案馆里的"历史氛围"

上海档案馆不仅汇聚展示纸质档案，而且运用了大量创新手段：镇馆的《共产党宣言》，不再只能看到封面，用互动大屏就可以任意翻阅内页；名为"唤醒"的多媒体装置，用现代艺术的方式展现了档案的意义——翻开它，唤醒的是一段荡气回肠的上海城市发展历程，从开埠到解放的重大历史事件，你只需坐在桌前就可以领略；小小的一个照相机，摁一下快门，面前闪回的亦是一个个历史瞬间；自行车、缝纫机、冰箱、橱柜上的麦乳精、墙上贴着的结婚照，这是20世纪七八十年代上海人熟悉的小家；从1977年恢复高考到2021年"祝融号"登陆火星，数百张照片记录的是改革开放以来上海飞速发展的点滴。枯燥的档案化为立体生动的"城市记忆空间"，也更贴近观众。

实景体验"谍战"氛围

中共中央特别行动科1927年11月在上海成立，由周恩来亲自组建和直接领导，主要任务是保卫中央领导机关的安全、营救被捕同志、惩办叛徒和特务等。

档案馆内中央特科的展示"橱窗"不仅有大量首次对外公布的档案，还能带给观众别样的体验——摁下互动按钮：复古的煤油灯亮起，可以听到深夜街头巷尾的枪声、追击声，让人一下子就回到了当时上海街头夜晚肃杀紧张的气氛中。

银龄贴士

（1）上海市档案馆南楼二层东侧空间被设计为面向社会公众的档案查阅服务中心，普通市民只需凭身份证就可以免费查阅依法开放的档案。

（2）档案馆还专门设置了图书阅读区，提供6000余册社科类书籍、档案编研史料出版物、参考书、工具书等供利用者阅览，非常适合档案爱好者在此阅读研习。

城市微旅

线路主题："档案与城市记忆"之旅

线路概述：

每年的6月9日是"国际档案日"，每到这一天，全市档案馆都会组织丰富多彩的档案文化传播活动，让我们将目光投向这些各具特色的档案馆，在档案中感受新时代的律动，探寻写在档案里的城市记忆，领略档案文化的魅力。

线路推荐：

第一站：上海市档案馆

上海市浦东新区前程路 811 号

第二站：上海市普陀区档案馆

上海市同普路 602 号 1 号楼

第三站："徐汇记忆"展馆

上海市徐汇区浦北路 268 号 2 号楼 2 楼

上海世博会博物馆

14

场馆推荐
Museum recommended

日出东方，卢浦大桥下，世博会博物馆临江而立。

阳光午后，蒙特利尔世博会富勒球，斑驳光影洒向大地。

夕阳西下，塞纳河畔埃菲尔铁塔，遇见浪漫与热情。

华灯初上，西雅图太空针塔，旋转餐厅熙熙攘攘。

世界的美好时光，在这里尽收眼底。

这里就是上海世博会博物馆。

场馆简介

上海世博会博物馆是国际展览局唯一官方博物馆和官方文献中心，它既是国内第一座真正意义上的国际性博物馆，也是全世界独一无二的全面展示世博专题的博物馆。世博会博物馆是上海市"十二五"规划重点文化设施建设项目之一，总建筑面积46 534.48平方米，于2017年5月1日开放运营。

世博会博物馆以传承世博遗产、发扬世博精神、保存世博精髓为宗旨，全面、综合地陈列展示2010年上海世博会盛况，介绍1851年以来世博会历史发展及2010年以后各届世博会举办情况，并为与世博会相关的国际文化交流和科技创新提供平台，成为服务国际社会的世博文化知识库。

场馆地址：上海市黄浦区蒙自路818号
开放时间：9:00–17:00（16:15停止入馆），
 周一闭馆（国定节假日除外）
参观门票：免费
交通路线：地铁13号线世博会博物馆站2
 号口
咨询电话：021–23132818

展品亮点

2010 年上海世博会中国馆设计手稿

展品标签：中国馆建筑造型源于中国古代礼器，斗拱结构层叠出挑，庄重雄伟。中国馆领衔设计者、中国工程院院士、华南理工大学建筑学院院长何镜堂认为中国馆凸显了中国特色和时代精神，寓意"天下粮仓，富庶百姓"。

展品故事

中国馆是上海世博会园区中最重要的场馆之一，于 2007 年 4 月 25 日开始面向所有华人建筑师征集建筑方案，方案主题为"城市发展中的中华智慧"。中国馆的国家馆日是 2010 年 10 月 1 日。到 2007 年

6月15日为止，共收到合格应征方案344个，最后由评审委员会表决产生了51件交流作品、五件入围作品与三件优秀作品。最终的方案以华南理工大学建筑设计研究院的"东方之冠"为主，并吸纳了清华大学建筑学院简盟工作室和上海建筑设计院的"叠篆"方案以及北京市建筑设计研究院的"龙"方案。

由华南理工大学建筑学院院长何镜堂院士领衔主持的联合设计团队推出了中国馆的最终方案。中国馆的建筑外观以"东方之冠，鼎盛中华，天下粮仓，富庶百姓"为主题，代表中国文化的精神与气质。其中，"中国红"作为建筑的主色调，大气而沉稳，也易于为世界所理解。

然而，到了2008年12月，世博会中国馆主体结构封顶已经两个月了，却迟迟不能确定"中国红"的颜色方案，工地被迫停工待命。世博局局长找到时任中国美术学院副院长的宋建明，请他务必尽快拿出个执行方案来。

主设计师何镜堂希望这个红色既要鲜明、丰富，还要看着舒坦、深邃，无论处于什么环境下、无论站在什么位置上，这个红色都不能突兀、生硬。

有的人想到了故宫城墙的红，有的人想到了国旗的红，还有的人提出天安门的朱红，甚至还有人掏出一包中华牌香烟，说用这个红！众说纷纭，难以定夺，眼看着离世博会开幕的日子越来越近，所有人都一筹莫展。

宋建明还有一个身份是中国首个色彩研究中心的创始人，世博会筹备组找到他，算是找对人了。不过，要在这么短的时间内，完成这么重大的任务，压力很大。宋建明当天就赶回了杭州，连夜把任务分配给组里人。

他将组员分成好几拨：第一组人负责在电脑上合成图形模块，用模拟色彩形成图像投影；第二组人用塑料泡沫做实体模型，随意刷涂不同的红色，体会实物的感官效果；第三组人则跑遍了杭州的大街小巷，购买回各种各样的红色颜料、纸张，比较其不同的质地和效果。

通过几番大胆的尝试、实践和频频试错后，眼前的红色要么太飘、太亮，要么太冷、太板，总是偏离最理想的指标。

　　与颜色打交道了这么多年，宋建明很快就有了自己的主意。他决定将几种不同的红色混合起来，消除红色的平板单调，打造出丰富的层次感。

　　宋建明为世博会中国馆一共配备了七种红色，外部四种，内部三种，都以一种"中心红"为基本的主色调，而这个"中心红"应该是"沉着而不失艳丽，温暖又带着正气"，其他的红以这个红为总色调轻微调整。

　　最后，宋建明坐在画板面前开始调色，他首先将朱红、大红、深红、土红、橘红、橘黄、白等八九种颜色全挤到调色板上，拿起画刀，按照心中的想法开始操作。先是朱红，再是赭红，暗了就加一些大红，多了就添一点深红，一刀一刀，慢慢接近内心的感觉。

　　终于，他用画刀一点一点地将色块贴近想要的感觉，画板上呈现出最符合要求的红色。"成了！"这千呼万唤的色彩出来了！它是宋建明用最基本的油画功底捕捉到的艺术家心底稍纵即逝的灵感。

　　今天，当人们抬头仰望世博会中国馆，普通人也许说不出这一系列红色之间微妙、神奇的差异在哪儿，但仔细观察，人们还是能感觉到这几种红色之间的律动——这就是建筑背后的匠心。

小米宝宝

展品标签：机器人娃娃"小米宝宝"来自西班牙国家国际展览署，曾在上海世博会西班牙馆内展出，坐高达 6.5 米，是西班牙馆特意为参展上海世博会而制作的，并由西班牙馆方赠予上海世博会博物馆。

展品故事

2010 年 4 月，上海世博会西班牙馆最神秘的展品"小米宝宝"正式亮相。

它是一个坐高达 6.5 米的机器人娃娃，由西班牙馆特意为参展上海世博会而制作，它的骨架由钢铝合金构成，皮肤由透明可拉伸的硅胶做成，而它的头发则是用马的鬃毛一根一根做出来的。通过一套复杂的电脑系统控制，"小米宝宝"能完成呼吸、眨眼、微笑等十几种不同动作。

"小米宝宝"的设计者伊莎贝尔·库伊谢特告诉参观者，她这一创作的灵感源于中国和西班牙文化对孩子的共同喜爱。在藤条的包围中，"小米宝宝"仿佛就坐在自己的摇篮中迎接四方来客。肥皂泡从天花板上缓缓飘落，制造出一种梦幻的效果。放置在地板上的六个巨大的泡泡向游客展示"小米宝宝"的梦境——未来之城。在这座明日之城中，每个孩子都能接受义务教育，每位公民都能享受医疗保险。

不出意料，"小米宝宝"此后成为整个西班牙馆最受欢迎的镇馆之宝，在世博会期间，它与西班牙馆一起接待了670多万名游客。不少游客排队入馆，就是为了一睹可爱的"小米宝宝"，听它说一句"你好"或是"hola"。

作为世博会的人气明星，"小米宝宝"在世博会期间还曾两次变装，在"六一"儿童节前夕，"小米宝宝"迫不及待地穿上了印有吉祥图案的中国式红肚兜，肚兜上还印有它的中文名"米"字。7 月 12 日，西班牙足球队赢得 2010 年世界杯之后，"小米宝宝"又披上了代表着西班牙足球队的幸运围巾，吸引了无数球迷与它合影，分享喜悦之情。

2010 年 10 月 25 日，正在筹建中的世博会博物馆正式接受了首件由参展方赠送的展品，西班牙馆镇馆之宝——"小米宝宝"机器人将在上海世博会闭幕后留在上海。

出席赠送仪式的西班牙副首相埃莱娜·萨尔加多说，希望中国人永远记住"小米宝宝"，它将留在博物馆，作为西班牙和中国人民友谊的纪念。"'小米宝宝'是西班牙的孩子，但很快就要成为'上海市民'了，相信它在上海生活的每一天都会非常快乐。"

借助世博会的平台，"小米宝宝"已经成为中、西两国的"友谊大使"，"小米宝宝"在世博会后继续留在上海，也将成为延续世博效应、促进中西两国友谊、加强两国合作交流的重要纽带。

如今，已经 13 岁的"小米宝宝"依然可爱如初，而它的未来城市之梦，也在上海逐渐成为现实。

打卡指南

邂逅世博珍品

世博会博物馆常设展厅的第一至第四厅主要展示1851 年至 2008 年之间的世博会发展状况及历史面貌。其中，1958 年比利时布鲁塞尔世博会的原子球、1962 年西雅图世博会的太空针、1970 年创造 6 700 万参观人数高峰的大阪世博会的太阳塔，皆是当年世博会上万众瞩目的焦点。此外，展览还遴选了曾亮相于上海世博会 246 座展馆中的重量级展品，如城市足迹馆的"但丁"、尼泊尔馆的"圣火传递灯"、中国馆的动态版《清明上河图》等，都非常值得一看。

在 4D 影厅看《世博奇妙之旅》

"世博之光"特效影院位于世博会博物馆游客服务中心二楼，拥有 120 个动感座位。影院具有国内首个超大多幕联映系统及全球最先进的 4K3D 激光放映机、国内唯一多维全景 360 度环绕声场、定制设计的"探索者"极限动感特效座椅以及全沉浸舞美智慧联动光影特效五大亮点。影院每天定时播放全球首部世博题材特效定制片《世博奇妙之旅》，讲述了"世博宝宝"果果和外星人卡拉相遇并发生的一系列奇妙故事。

特别提示：影片时长 28 分钟，票价 50 元。

银龄贴士

（1）盖章服务是世博会博物馆传统服务之一，为了延续世博会这一特色趣味活动，馆方在每月月底会提前公布下个月的印章目录，向观众免费提供不同主题的精美纪念章，盖章点设在展馆北大厅服务台处，有集章爱好的"章友"们不容错过。

（2）虽然上海世博会落幕至今已经十三年了，志愿者"小白菜"却依然活跃在世博会博物馆，传承着世博文化和志愿者精神。世博会博物馆始终活跃着一支既稳定又充满热情的"世博绿"志愿者服务队伍，在博物馆中如果有任何需求或疑问，不妨向"小白菜"们求助。

城市微旅

线路主题：探秘世博　探寻未来

线路概述：

184 天持续运行、246 个国家和国际组织参展、超过 7 000 万人次海内外游客参观……2010 年上海世博会创下了世博会历史上的参观总人数、参展主体和世博园区规模的历届之最，是一次成功、精彩、难忘的具有里程碑意义的世博盛会。本线路通过探访上海世博会博物馆、中华艺术宫（原世博会中国国家馆）、梅赛德斯—奔驰文化中心（原世博会文化中心），带您打开世界之窗、感受创意之源、探寻未来之梦，回味最精彩的世博故事。

线路推荐：

第一站：上海世博会博物馆

上海市黄浦区蒙自路 818 号

第二站：中华艺术宫

上海市浦东新区上南路 205 号

第三站：梅赛德斯—奔驰文化中心

上海市浦东新区世博大道 1200 号

土山湾博物馆

15

场馆推荐

{ *Museum recommended* }

身居上海的你，一定知道徐家汇，但未必知道土山湾。土山湾位于徐家汇南端，因疏浚河道，堆土成"山"而得名。

1864 年，上海耶稣会在此建立土山湾孤儿院。这里是中国西洋画的摇篮，造就了一代代艺术名家，这里也是近代上海工艺和海派文化的渊源，创造了中国工艺史上的诸多第一。

要想了解土山湾，就来蒲汇塘路上的土山湾博物馆看一看吧。

场馆简介

土山湾博物馆于 2010 年 6 月 12 日正式向社会开

放，由土山湾旧址三层红楼底层和幕墙玻璃两部分组成，分为牌楼厅、徐家汇厅、土山湾厅和传承影响厅四大主题展厅。展品不仅有世界雕塑大师张充仁、海派黄杨木雕创始人徐宝庆等弥足珍贵的艺术菁华，更有参加过世博会，历经沧桑、荣归故里的土山湾牌楼、木塔、水彩画等文化瑰宝。博物馆通过实物、文献和历史图片，配以多媒体、电视纪录片等辅助手段，再现了土山湾几乎已经被遗忘的历史，充分展示了土山湾在近代中西文化交流中的作用、影响和历史地位。

场馆地址：上海市徐汇区蒲汇塘路55号
开馆时间：9:00-16:30（16:00停止入馆），
　　　　　周一闭馆（国定节假日除外）
参观门票：免费
交通路线：地铁1号线、9号线、11号线
　　　　　徐家汇站1号口，地铁1号线、
　　　　　4号线上海体育馆站8号口；公交703路漕溪
　　　　　北路蒲汇塘路站，公交824路、43路、957路
　　　　　漕溪北路裕德路站
咨询电话：021-54249688

展品亮点

土山湾木雕中国牌楼

展品标签： 牌楼高 5.8 米，宽 5.2 米，为四柱三间楼阁式，庑殿顶，雕刻精致且别具一格，体现了中国传统雕刻工艺与西方雕塑艺术的完美结合。牌楼曾参加 1915 年、1933 年和 1939 年三届世博会。2009 年 6 月，牌楼远渡重洋，从欧洲回归上海土山湾。

展品故事

进入土山湾博物馆，首先来到的是"牌楼厅"。这里最醒目的是一座高大的土山湾木雕中国牌楼，也是博物馆的镇馆之宝。这座牌楼是1913年在外国技师葛承亮修士的带领下，由土山湾孤儿工艺院数十位孤儿历时近一年雕刻而成。牌楼材质为全柚木，雕工十分精细、别具一格，体现了中国传统雕刻工艺与西方雕塑艺术的完美结合。

1915年，土山湾木雕中国牌楼参加了在美国旧金山举行的巴拿马太平洋万国博览会后，又相继参加了1933年芝加哥世博会和1939年纽约世博会。牌楼三度亮相，三度惊艳，广受赞誉，掀开了中西文化交流史上重要的一页，在世博历史上留下了浓墨重彩的一笔。

但令人唏嘘的是，正是因为其工艺精湛、造型雄奇，深受藏家喜爱，以致后来几经波折，辗转数国，一度被美国印第安纳大学收藏。20世纪80年代初，牌楼落入一个美国人手中，他竟将牌楼的部分雕刻拆散出售。1985年，一位北欧建筑师抢救出剩余的牌楼，并于次年运抵瑞典。2009 年 4 月，中方和瑞典方面签订了牌楼的转让协议书，终于让这座海外浪迹近百年的牌楼重归它的诞生地——中国上海徐家汇，并于 6 月 12 日土山湾博物馆开馆之日对外展出。

由于年代久远，回归时，牌楼已残缺不全，后馆方接受捐款 180 万元，用了近七个月的时间完成了对牌楼的整体修复。现在看到的牌楼有深浅不一的两种颜色，深色部分是百年前的原件，浅色部分是修缮后的。修缮后的牌楼还原了其富含的中国木构建筑兴盛期精巧细致的艺术韵味，再现了当年牌楼中西融合、精致壮美的雄姿。

牌楼顶上装饰有双龙戏珠和 16 位将领，其中八位骑马，八位手持矛、戟等武器站立。牌楼正反两面刻有不同的牌匾，分别为"功昭日月""德并山河"，四周以龙凤纹镶饰。牌楼其余各枋上均刻有三国人物故事图案，四柱饰有盘龙，牌楼底部抱鼓石上雕刻有 42 只大小形态各异的狮子。仔细端详，中国牌楼之美令人震撼，精美的雕琢工艺使牌楼上的人物、动物、植物栩栩如生、惟妙惟肖，集中展现了中国传统木雕的精髓。

　　这座牌楼令人惊叹之处，不仅仅在于其精湛的雕刻技艺和精致外观，更在于它不用一颗钉子就能固定的精巧结构。这种结构被称为榫卯结构，是中国古建筑中以木材、砖瓦为主要建筑材料，以木构架结构为主要的结构方式，由立柱、横梁、顺檩等主要构件建造而成，各个构件之间的结点以榫卯相吻合，构成富有弹性的框架。榫卯是极为精巧的发明，这种构件连接方式，使得中国传统的木结构成为超越了当代建筑排架、框架或者钢架的特殊柔性结构体，不但可以承受较大的荷载，而且允许产生一定的变形，在地震荷载下通过变形抵消一定的地震能量，减小结构的地震响应。

　　土山湾木雕中国牌楼工艺上既继承了我国古代的传统技法，又融入了当时土山湾正在接纳吸收的西方透视学原理，是中西雕塑艺术和审美理念融合的典范之作。牌楼整体气势恢宏，而细节上，精细的雕刻、繁杂的结构、牌楼的字匾，几乎每一处都可以单独成为一件艺术珍品，无愧为土山湾工艺的代表之作。

木雕中华圣母子桌屏

展品标签：桌屏高 21 厘米，宽 12 厘米，背面有"1904 年圣路易斯博览会中国村"英文字样，原件参加过 1904 年美国圣路易斯世博会，是当时中国村的摆件。此件为木雕专家依照原样复制而成，还原了这件艺术珍品的独特神韵。

展品故事

身着清朝时期皇太后慈禧的旗服，面容却是高鼻子、凹眼睛的西方人。圣母玛利亚眼睑低垂，头蒙素纱，戴着镶满宝石的皇冠。圣母下垂的左手抬起来抱着耶稣，耶稣足穿中国传统高底云鞋，端立于圣母衣襟上，紫袍腰扎皮带，身披斗篷。宝座后面的屏风上绘有篆体的"寿"字，屏风两旁以山、树木、房屋、塔作为远景；凹凸有致、深深浅浅的构图营造出安详恬静的氛围。这件综合了典型的中西方文化元素的"中华圣母子像"杉木雕刻桌屏是中西合璧之佳作，追溯它的灵感来源，还要从土山湾孤儿院说起。

1864年，天主教耶稣会在上海徐家汇的土山湾设立孤儿院。为培养收养的孤儿以及贫困儿童的谋生能力，创设了土山湾工艺院，土山湾画馆就是其中的一部分。

土山湾画馆创作的绘画作品以临摹写景、人物、花鸟居多，主要都是以有关天主教的宗教画为题材。当时，随着各地天主堂的建立，圣像需求数量日益增多，工作室制作的圣像作品供不应求。史料记载："中国教友喜爱的圣像绝大部分都由这所工坊绘制印刷；还有圣堂里用的装饰和用具，在辽阔无边的中华帝国各地的无数教堂里，几乎都能看到。"

土山湾画馆引进、传授各种西方绘画技术，同时与中国传统绘画工艺相结合，培养造就了一大批工艺美术人才，也陶冶了一大批海派艺术大师。1942年，徐悲鸿在《中国新艺术运动的回顾与前瞻》一文中写道："天主教入中国，上海徐家汇亦其根据地之一，中西文化之沟通，该处曾有极珍贵之贡献。土山湾亦有可画之所，盖中国西洋画之摇篮也。"

土山湾画馆在复制西方圣母像的同时，也进行了大量创作。其绘画艺术品，尤其是油画、水彩画，继承了利玛窦以来的"中西会通"的风格，在当时的中国独树一帜，也受到了世界的瞩目。这些绘画作品将中国绘画元素融入天主教绘画技巧中，形成了极具特色的艺术表现形式。

在流行于世的土山湾画馆代表作中，有一幅名为《中华圣母子像》的油画作品，其作者是刘德斋。这位 19 世纪末土山湾画馆的重要油画家，曾为佘山教堂和董家渡教堂创作过许多油画作品，他的作品极具特色，在西方化模式中注入了浓重的中国化色彩，最突出的特点是他的作品的白描风格。《中华圣母子像》正是他的代表作之一。

令人遗憾的是，这件作品的原作已经失落。不过，1904 年，在美国圣路易斯世博会上展出的"中华圣母子像"桌屏，就是土山湾木雕师临摹这幅作品创作的，因此可以从中领略这幅作品中西合璧的特别风采——画中人物是西方人，可是服饰、环境、远景却完全是中国样式，其"造型语言"带有浓浓的中国民间年画的特色，却又是一幅不折不扣的天主教绘画。

以这件木雕"中华圣母子像"桌屏为代表的很多出自土山湾的艺术作品，都体现了西方绘画中国化的样式造型的改变，从这些作品中，我们可以清晰看到当时中国画家们的创造性尝试。这对于当今中国艺术而言，仍具有一定的借鉴意义。

打卡指南

徐家汇厅探寻徐汇之源

徐家汇的诞生，与徐光启密切相关，他在这里建农庄别业，从事农业实验、著书立说。徐光启 1633 年逝世，1641 年安葬于此，其后裔在此结庐守墓，繁衍生息，初名"徐家库"，后渐成村落。又因此处为法华泾、肇家浜和蒲汇塘汇聚之处，故被称为"徐家汇"。近代以前，徐家汇为沪西荒僻之地。1847 年，水上交通便捷且具有天主教传统的徐家汇建起了耶稣会会院。晚清起，徐家汇陆续兴建一系列的科学、文化、教育、宗教和慈善机构。至 20 世纪初，徐家汇成了西方文化输入的窗口，近代中国最具规模与影响的天主教文化重镇。

在土山湾博物馆的徐家汇厅，你将通过丰富翔实的陈列内容，探寻徐汇之源。

徐家汇厅

打卡土山湾彩绘玻璃雕花橱柜

传承影响厅里陈列着一组土山湾彩绘玻璃雕花橱柜，它完美地融合了具有西方特色的彩绘玻璃艺术和富有中国古典韵味的橱柜技术，既像是凝聚美学精华的熔炉，又像是沟通中西文化的桥梁。在欧洲，彩绘玻璃原用于教堂的装饰，是教堂的代表性装饰

土山湾彩绘玻璃雕花橱柜

艺术，而这个作品却创造性地绘制中国传统故事，并使用在中式橱柜上作为装饰。展品被置于与博物馆出口处相近的地方，与博物馆入口处的镇馆之宝"中国牌楼"遥相呼应，令人回味无穷。

银龄贴士

（1）博物馆展陈内容丰富，建议参观时长1小时，还可步行前往附近的光启公园游览，参观徐光启纪念馆，继续探寻徐汇之源。

（2）土山湾博物馆提供语音导览系统，只要按动按钮输入展品编码，就可听到博物馆精品文物的介绍，导览机免租金，需付100元押金或提供有效身份证件。

171

城市微旅

线路主题：探源徐汇

线路概述：

徐家汇是中国近代最具规模与影响的西方文化传播源之一，也是海派文化的源头之一，徐家汇的历史俨然是浓缩版的上海城市史。徐家汇的"徐"来自徐光启家族，"汇"来自吴江的支流法华泾、黄浦江的支流肇嘉浜和蒲汇塘三条河的交汇。"探源徐汇"路线带您走进徐家汇，深入寻访徐家汇的文化之源。

线路推荐：

第一站：徐汇公学旧址

上海市徐汇区虹桥路 50 号

第二站：徐家汇藏书楼

上海市徐汇区漕溪北路 80 号

第三站：徐光启纪念馆（光启公园）

上海市徐汇区南丹路 17 号

第四站：上海市徐汇区土山湾博物馆

上海市徐汇区蒲汇塘路 55 号

上海元代水闸遗址博物馆
16

场馆推荐
Museum recommended

普陀区有一处元代水利工程遗址，曾被评为2006年度"中国十大考古新发现"之一，你知道它的名字吗？

没错，它就是位于延长西路志丹路路口的志丹苑元代水闸遗址，是目前国内已考古发现的规模最大、做工最好、保存最完整的元代水闸，也是第七批全国重点文物保护单位。

场馆简介

上海元代水闸遗址博物馆位于上海市普陀区延长西路志丹路路口，整个遗址用工量之大，做工之精，为国内同类遗址所罕见，为了解古代水利工程建造技术及流程提供了直接的依据。它是在宋代《营造法式》总结之后的官式工程在长江三角洲特殊地貌环境下，水利工程又有很大发展的实例，对研究吴淞江流域的历史变迁、长三角地区的经济发展等都具有非常重要的学术价值，是上海地方史研究中一个标志性的重要物质文化遗产。2012 年 12 月 31 日，上海元代水闸遗址博物馆正式对外开放，成为上海首家遗址类博物馆。场馆分序厅和遗址陈列厅两部分，遗址面积约 1 500 平方米。

场馆地址：上海市普陀区延长西路 619 号
开馆时间：9:00-16:30（16:00 停止入馆），
　　　　　周一闭馆（国定节假日除外）
参观门票：免费
交通路线：地铁 7 号线新村路站 1 号口；
　　　　　公交 117 路、859 路交通路志
　　　　　丹路站；公交 68 路志丹路甘泉路站
咨询电话：15214380020

展品亮点

元代水闸遗址

展品标签：元代水闸遗址主体由闸门、闸墙、底石组成。水闸平面大致呈对称"八"字形，东西长42米、进水口宽32米、出水口宽33米，河水由西向东流入闸内。当年为了建造水闸，使用了大量的原木筑建基础，原木直径一般30厘米左右，长约4米。

展品故事

2001年5月1日，位于志丹路、延长西路交叉处的志丹苑民居正在紧张地施工。打钻的时候，钻头怎样也钻不下去，当时的施工承包商是一位文物爱好者，他不禁自言自语道："会不会在地下挖出上海的大宝贝？"

于是，他又找来一个大钻头，想勘查一下地下究竟有没有宝贝。结果一钻头下去，真的探出了上海700年前的一座宏伟建筑。后来，我们才知道这个元代水闸遗址最深的地方离地面才11米，当时在什么都不知道的情况下，一钻头下去，居然没有破坏任何结构，这真是万幸。

这个元代水闸遗址，当时钻头探到的部分是石块，石块与石块之间用铁钉铆住，石块下面有木块，木块下面是木柱。整个空间大小为1500平方米。从水利工程来讲，这样的面积已经算是不小了。

最让人震撼的是木柱。在那1500平方米的泥浆里，露出很多柱子，其中最短的是4米，最长的7米，平均是5～6米，有大约1万根。让我们想象一下，元代的时候，1500平方米的建筑中有1万根立柱。如果把一根立柱看成是一个生命体，1万根立柱，组合成了偌大的生命方舟，这是何等的壮观！

那么，元代水闸是怎样运作的呢？

总的来说，它是利用潮汐原理来工作的。所谓潮汐，一是涨潮，一是退潮。涨潮的时候，水不断地流进这个支流，同时会把泥沙一块儿带进来，水位不断地上涨。这个水利工程中有两个石柱，石柱当中有两个凹槽，也就是一块石门板，水位涨到最高点时，石门板就开始下落，把水流一分为二。

等到退潮的时候，石门板的一边水位渐渐降低，降到一定高度时，再把石门板拉起。这时，由于不同水位造成的水压冲击，急速冲下来的流水会把积淤的泥沙一起冲掉，整个水闸的工作原理就是这样。但是，毕竟是仅仅靠自然力、水力冲刷，久而久之，淤泥、黄沙越积越厚，最后，当水闸已经不能把泥沙给冲掉时，这个水利工程就被废弃了。

那么，这个元代水闸遗址可以告诉我们什么呢？

首先，它告诉我们河道是会"走路"的，河道是会变迁的。当年，这里既然是吴淞江一个支流上的水利工程，就肯定有河道，是水流所在地。但今天，我们的苏州河，也就是过去的吴淞江，距遗址1000米开外。也就是说，经过了700年时间，上海这座城市的河道发生了巨大的变迁。

其次，700多年前这个水利工程的工程质量令人惊叹。作为一个水利工程，造完以后，水一放进来，它就永不见天日，所以做得粗糙不粗糙，是没人看得到的。但是考古发现告诉我们，这个工程地下的石头与石头之间的间隙、工艺水准，都做得精益求精，甚至一万根木柱，每根木柱上都用毛笔写上编号。

可以说，700年前我们的先人的工匠精神令人叹为观止，这也为今天的参观者们带来了很多启示和感慨。

水闸建造者任仁发像

展品标签：任仁发（1254—1327）上海青龙镇（今属青浦区白鹤镇）人，元朝著名水利专家和画家，官至浙东道宣慰副使。主要从事水利兴修，曾先后主持过吴淞江、通惠河、会通河、黄河、练湖和海堤等水利工程。

展品故事

任仁发是一位在上海史籍中响当当的人物。他是上海青龙镇人，是元朝著名水利专家和画家，主要从事水利兴修，曾先后主持过吴淞江、通惠河、会通河、黄河、练湖和海堤等水利工程，并有水利工程著作《水利集》传世。

任仁发官至浙东道宣慰副使，他还是元代著名画家，善绘鞍马、花鸟、人物，与同代书画家赵孟頫齐名。他画马技艺高超，曾被皇帝要求画御苑马厩中的名马，从而得到赏识，后世称赞任仁发的画可与韩幹《照夜白图》等名画媲美。

可能是治水公务繁忙，任仁发存世画作极少，现存作品大多收藏于北京故宫博物院和台北故宫博物院两家博物院。流入民间的《五王醉归图》于2020年10月在香港苏富比上被拍，最终，上海龙美术馆创办人刘益谦将它收入囊中，拍卖价格超过3亿港元，这个价格创下了当年亚洲艺术品拍卖的成交价纪录。

任仁发把自己历年治理吴淞江的经验都记录在《水利集》中，正是基于他的记录，我们今天得以将文献资料与志丹苑遗址的考古发现相结合，从而完整复原元代水闸的建造过程。

吴淞江河水滋养两岸农田，促进商贸发展，对上海乃至长三角地区经济的影响持续几百年。主持这项工程的任仁发未必能预测到，河道格局奠定了上海繁荣的环境基础。他对故乡所做不遗余力的贡献，与他的画作一起光照史册。

今天，志丹苑水闸已成为中国水利工程史上的标志性遗存，为研究古代水闸类工程提供了最好的实物材料，而任仁发的治水之功，也将为人们所铭记。

打卡指南
打卡上海市区唯一的遗址类博物馆

整座博物馆位于地下 7 米，走进场馆，逐级而下，才渐渐靠近这座埋藏于地下的遗址。入口处以及馆内地板大量采用钢化玻璃，观众只要低头便可看到遗址的全貌：闸门、闸墙、底石、夯土、石板、木桩，秩序井然地分布。

水闸的入口似元宝，两根悬挂闸门的梁柱，在遗址内屹立不倒。水闸的底石依然完好，总长30米，宽6.8～16米，由一块块青石板平铺而成，石板间嵌地锭榫，防止渗水和石板移位。

志丹苑水闸入口

底石下又铺满衬石枋，其下被龙骨承载，龙骨下又有地钉支撑。底石上还有一处巨大的圆孔，这正是2001年在志丹苑小区建设工程中高楼地基打桩留下的钻孔，由此水闸的面纱才得以揭开。

了解水闸的建造流程

博物馆展厅中有十二组建闸过程线描图的投影，形象地描绘了元代先民们建造水闸的景象，重现了700年前宋代《营造法式》中兴建水闸的重要工序，辅以劳作的声效，使复杂的建造流程栩栩如生。

（1）场馆分序厅和遗址陈列厅两部分，遗址面积约为1500平方米，建议参观时长1小时。特别提示：博物馆内有较多玻璃步道与斜坡，建议穿舒适且防滑的鞋子。

（2）博物馆不定期推出"遗址的初心"定时讲解、汉服讲解等活动，并为10人以上团体提供免费讲解服务。

城市微旅

线路主题：魅力普陀

线路概述：

在普陀区有许多博物馆、纪念馆、展示馆，它们是家门口的红色课堂，是接地气的"四史教材"，更是极宝贵的文化遗产。"魅力普陀"路线带您寻访普陀历史记忆、感受城市魅力。

线路推荐：

第一站：苏州河工业文明展示馆

上海市普陀区光复西路2690号

第二站：上海元代水闸遗址博物馆

上海市普陀区延长西路619号